南红树林伴生植物源及其应用

方赞山　钟才荣　陈毅青　田蜜　王文卿　何荣晓　著

中国林业出版社
China Forestry Publishing House

图书在版编目（CIP）数据

海南红树林伴生植物资源及其应用 / 方赞山等著 .

北京 : 中国林业出版社 , 2024. 9. -- ISBN 978-7-5219-

2890-7

Ⅰ . S718.54

中国国家版本馆 CIP 数据核字第 2024X5P609 号

海南红树林伴生植物资源及其应用
HAINAN HONGSHULIN BANSHENG ZHIWU ZIYUAN JIQIYINGYONG

策划、责任编辑 : 许　玮

排版设计 : 北京美光设计制版有限公司

出版发行 : 中国林业出版社

　　　　　（100009　北京西城区刘海胡同 7 号，电话 010-83143576）

网　　址 : https://www.cfph.net

印　　刷 : 河北京平诚乾印刷有限公司

版　　次 : 2024 年 9 月第 1 版

印　　次 : 2024 年 9 月第 1 次印刷

开　　本 : 787mm×1092mm　1/16

印　　张 : 14.5

字　　数 : 350 千字

定　　价 : 90.00 元

PREFACE

前言

在海南岛 1910.11 千米的海岸线上有 68 个大小港湾，分布着我国物种最丰富、群落结构最复杂多样的红树林，其中混生着大量的红树林伴生植物，共同维系着红树林生态系统的健康与稳定。笔者近年来对海南岛滨海地区，尤其是红树林湿地开展植物资源调查研究，深感红树林湿地及其周边区域植物资源的丰富多样，对维持生态系统的稳定和可持续发展起到重要作用。作为植物科研工作者，笔者十分愿意将它们图文并茂地介绍给读者。本书的红树林伴生植物收录的原则：调查过程中记录到分布于红树林湿地范围内（包括红树林群落中或林缘），与真红树植物或半红树植物混生的物种。适当收录在内陆有分布，但在滨海沙质或泥质盐碱地、咸水水域等特殊生境与红树植物混生的植物种类。尽管如此，在判定其是否为红树林伴生植物时仍不可避免地存在一些主观性。

通过对红树林分布的河口、潟湖等湿地植物资源的野外调查，记录到海南岛红树林伴生植物 183 种 2 亚种 1 变种，隶属于 66 科 172 属。本书对该类群植物形态特征、产地、分布、生境以及用途等进行了介绍，并配有植物照片。为了方便查阅，植物排序为：蕨类植物按秦仁昌（1978）系统、被子植物按哈钦松系统进行排列。

本书的出版得到海南省重大科技计划项目"红树林资源保育与生态恢复关键技术研究与应用示范（ZDKJ202008）"的资助。全书共 4 章，前 3 章介绍了海南红树林伴生植物的概念、生物学特性、物种组成、区系特征以及资源应用。第四章介绍了收录的 186 种植物的形态特征、分布、生境及用途等内容。为避免混乱，书中植物的中文名，原则上采用《中国植物志》、*Flora of China* 等权威专著中的中文名和拉丁名，参考最新的植物分类系统，别名则采用通用名或海南地方名。由于调查时间及编者知识水平有限，对诸如莎草科、禾本科等草本植物种类的收录可能会有遗漏，植物种类鉴定不可避免存在偏颇，敬请读者谅解并批评指正！

希望本书的出版能为更广泛意义上的红树林湿地的科研调查监测、生态修复、引种驯化、自然教育和植物爱好者提供参考，同时也为今后红树林伴生植物资源的保护、管理和发掘利用提供参考。

本书中的植物照片主要由方赞山、钟才荣、王文卿拍摄，感谢中国热带农业科学院袁浪兴等提供部分植物照片，并提出了许多宝贵意见和建议，在此一并致谢！

著　者

2024 年 6 月 18 日

目录

CONTENTS

前　言

第一章　红树林伴生植物概述

第二章　海南红树林伴生植物区系特征

第三章　红树林伴生植物开发与利用

第四章　红树林伴生植物资源

红树林伴生植物概述

1.1 相关概念

红树林是生长在热带、亚热带海岸潮间带的木本植物群落，是地球上生物多样性和生产力最高，生态系统服务功能最强的自然生态系统之一（王文卿等，2021）。真红树植物是指专一性地生长于潮间带的木本植物，半红树植物指能生长于潮间带，有时成为优势种，但也能在陆地非盐渍土地生长的两栖木本植物；红树林伴生植物指偶尔出现在红树林中或林缘，但不成为优势种的木本植物，以及出现于红树林下的附生植物、藤本植物和草本植物等（林鹏，1997）。红树林伴生植物从潮间带至潮上带，乃至陆地森林中均可分布（图1-1）。红树林伴生植物是红树林湿地的重要组成部分，它的存在既丰富了红树林湿地的生物多样性，也增强了红树林生态系统的生态服务功能和群落稳定性。它们与红树植物共同构成了一个完整、复杂且独特的湿地生态系统。

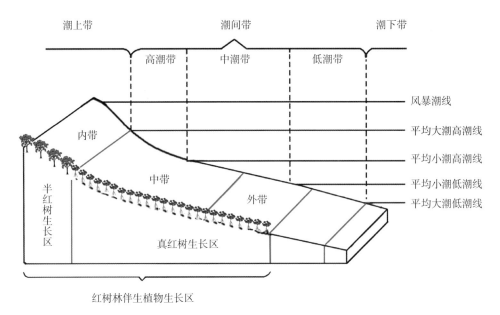

图 1-1　红树林伴生植物潮间带分布示意图（改自王文卿，2007）

海南岛拥有我国面积最大的热带雨林植物群落，是世界三大热带雨林群系之一的印度—马来群系的重要组成部分（吴征镒，1980），具有丰富的植物种类和复杂的生态系统，素有"热带植物宝库"之称，目前记录有维管植物6000余种（杨小波，2019）。此外，海南省是我国红树林分布面积相对较大、植物种类最丰富的省份，分布有红树林面积5724hm^2，我国原生的38种红树植物种类在海南均有分布（钟才荣，2021）。由于人类活动的干扰和气候变化的影响，正面临着严重的威胁。红树林湿地处于海陆交错带（图1-2），生态系统抗干扰能力差、环境脆弱、耐受能力低，受影响或干扰容易引发退化，且系统退化后恢复需要的时间较长。

图 1-2 海陆交错带中的红树林及其伴生植物

1.2 海南红树林伴生植物生物学特性

1.2.1 植物生态学特征

（1）耐盐碱

红树林湿地由于受周期性潮汐影响，土壤含盐量高，一般沙壤土含盐量 < 10‰，而黏土含盐量可达到 40‰ 以上（王文卿，2007）。因此，红树林伴生植物大多是盐生植物，对高盐环境具有较强的适应能力，尤以湿生植物最为耐盐，如南方碱蓬（*Suaeda australis*）、盐地碱蓬（*Suaeda salsa*）、海马齿（*Sesuvium portulacastrum*）、假马齿苋（*Bacopa monnieri*）等。这些植物通过渗透调节、离子稳态、抗氧化系统和植物激素调控等方式，减轻盐分对细胞的损害，以适应恶劣的滨海环境（叶思源等，2023；王瀚祥，2022）。

（2）耐涝

在缺氧的环境下，植物根系周边的化学环境发生变化，可能使得铁、硫等元素和有机化合物大量积累从而产生毒害。红树林湿地受海水周期性浸淹，土壤含水量高，部分区域常年积水，能通过多种方式供应氧气到根部保证植物的正常生长，部分红树林伴生植物可以像红树植物一样生长在红树林后缘，长期浸淹但盐度较低的滩涂上，如水烛（*Typha angustifolia*）、水葱（*Schoenoplectus tabernaemontani*）、鱼藤（*Derris trifoliata*）、芦苇（*Phragmites australis*）、野荸荠（*Heleocharis plantagineiformis*）等。这些植物的根系结构和生理特性使其能够在湿润的土壤中存活，正常的吸收水分和养分。它们的根部、茎干通常具有较多的气孔，从而可以进行呼吸和气体交换。同时，它们的茎和叶片也具有较高的水分传导能力，能够保持水分平衡。

（3）耐旱

海南岛西部沙质岸带土壤保水能力差，且降雨量相对较小，一般植物在这种高盐且长期或间歇性的干旱环境中很难维持水分平衡和正常的生长发育。分布于这种生境下的印度肉苞海蓬叶子逐渐退化，茎干膨大成肥厚圆柱体，植株通过茎进行光合作用；草海桐则通过较厚的皮层贮存大量的水分以适应干旱环境；土丁桂、海岛藤等植物有革质或硬化的叶片，角质膜厚，能在干旱时维持体内水分平衡。

（4）抗风

红树林伴生植物常具有匍匐、低矮、小叶和根系发达等特点。由于红树林区常年风吹，较小的叶片，低矮的植株和发达的根系有利于其在强风中维持植物的稳定性和完整性。如匍匐滨藜（*Atriplex repens*）、变叶裸实（*Gymnosporia diversifolia*）、草海桐（*Scaevola taccada*）、小草海桐（*Scaevola hainanensis*）、单叶蔓荆（*Vitex rotundifolia*）等。

1.2.2 植物的传播方式

植物的繁衍与延续不仅依靠它的抗逆性、竞争力和环境的作用，还有赖于它的散布能力，即从一个区域扩散到另一个区域的能力（王荷生，1992）。植物种子果实的散布主要通过生物和非生物两种方式来实现。非生物方式主要包括风和海流等自然力以及自身的机械弹射作用；生物方式则是主要借助于生物媒介如鸟类和动物的移动性来增大种子存活的可能性，从而实现传播（邢福武，2016）。红树林伴生植物种子传播的方式主要分为4种类型，即风力传播、海漂传播、鸟类传播和其他动物传播。

（1）风力传播

也称为风散传播，红树林湿地常年风力较大，对风播植物的传播极为有利，种子通过风力传播这种方式可以使其分布范围更广，从而提高植物的繁衍和适应环境的能力。在本书收录的红树林伴生植物区系中，借助风力传播的种类有54种，蕨类的孢子传播也归入风力传播。种类主要包括菊科、禾本科和莎草科等植物，这类植物的种子（孢子）个体细小、质量较轻，种子或带有冠毛等特殊毛被结构，特别是草本植物和一些灌木。它们通常会产生轻巧的种子，这样就能够被风吹起来，随着风的流动被带到远处。种子通过风散传播的形式主要有3种，包括滑翔、飘扬和滚动。

滑翔是种子通过轻巧的外壳或结构，在风中持续飞行一段距离后落地，若条件适宜则生根

图 1-3 风散传播种子
a.红毛草；b.车桑子；c.羽芒菊；d.鬣刺

发芽，实现传播的一种风散传播形式，如车桑子（*Dodonaea viscosa*）等。漂浮是指一些种子具有一些蓬松的绒毛或羽状附属物，使其能够在风中浮起来并随风漂浮，落在新的地点，如倒吊笔（*Wrightia pubescens*）、飞机草（*Chromolaena odorata*）、夜香牛（*Cyanthillium cinereum*）、薇甘菊（*Mikania micrantha*）等植物。滚动是指一些种子特殊的形状或外壳，能够在风的作用下在地面滚动，从而在远离母体的地方生长，如鬣刺（*Spinifex littoreus*）、倒地铃（*Cardiospermum halicacabum*）等（图 1-3）。

（2）海漂传播

红树林伴生植物中有多种植物的种子通过海水漂流进行传播，具备这一能力的植物的繁殖体能漂浮于海水之上，且不受海水长时间浸泡的影响，待搁浅于适宜的环境后能够萌发生长，从而实现远距离传播（方赞山等，2016）。此类植物的繁殖体多具有特殊结构，大致有以下几种类型：种子或果实有丰厚的纤维质、木栓质结构，重量轻且内部充满空气，如木麻黄（*Casuarina equisetifolia*）、椰子（*Cocos nucifera*）、银叶树（*Heritiera littoralis*）（图 1-4a）、榄仁（*Terminalia catappa*）等；种子外层包覆厚厚的一层绒毛，内部也有气室，所以可随水漂流，如海刀豆（*Canavalia rosea*）、厚藤（*Ipomoea pes-caprae*）（图 1-4b）；外果皮蜡质、果肉松软，质量轻等结构利于海流传播，如草海桐（*Scaevola taccada*）（图 1-4c）；植物种子内有气室，可使种子漂浮在水面

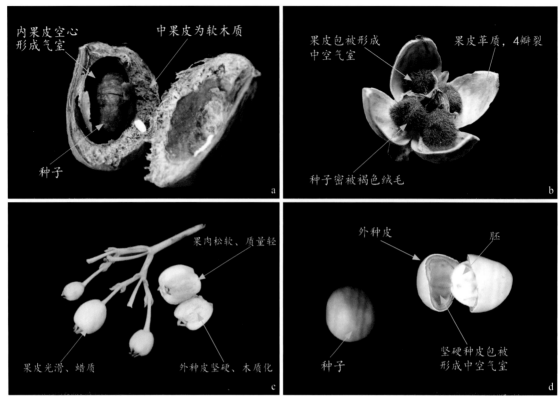

图 1-4　海漂传播种子
a. 银叶树；b. 厚藤；c. 草海桐；d. 刺果苏木

上如刺果苏木（*Caesalpinia bonduc*）（图 1-4d）、红厚壳（*Calophyllum inophyllum*）等；种子是由海绵状的柔软组织包覆，如银毛树（*Tournefortia argentea*）。还有一些植物的根茎或整株易被海浪卷入海中，随洋流漂至其他海岸，其生命力较强，通过根茎或残体即可重新生长，如厚藤（*Ipomoea pes-caprae*）、互花米草（*Spartina alterniflora*）、海马齿（*Sesuvium portulacastrum*）、香附子（*Cyperus rotundus*）、沟叶结缕草（*Zoysia matrella*）等。

（3）鸟类传播

红树林湿地是鸟类的天堂，但其他大型脊椎动物较少。本书共收录 41 种可通过鸟类传播繁殖的红树林伴生植物。鸟类大部分于春季和秋季迁徙过境，或在林内繁殖。每年有大量的鸟类在红树林周边觅食、栖息和繁殖。其中植食性或杂食性鸟类有鹊鸲、珠颈斑鸠、八哥、白头鹎和褐翅鸦鹃等。这些鸟类对于红树林伴生植物的传播非常有利。许多植物具有肉质的果实，如樟科的潺槁木姜子（*Litsea glutinosa*）、白花菜科的曲枝槌果藤（*Capparis sepiaria*），瑞香科的了哥王（*Wikstroemia indica*），葫芦科的红瓜（*Coccinia grandis*）和凤瓜（*Trichosanthes scabra*），大戟科的海南留萼木（*Blachia siamensis*），叶下珠科的白饭树（*Flueggea virosa*）、黑面神（*Breynia fruticosa*）、土蜜树（*Bridelia tomentosa*），桑科的鹊肾树（*Streblus asper*）和对叶榕（*Ficus hispida*），

图 1-5　鸟类传播果实

a. 变叶裸实；b. 土坛树；c. 海南茄；d. 马缨丹

桃金娘科的番石榴（*Psidium guajava*）和乌墨（*Syzygium cumini*），卫矛科的变叶裸实（*Gymnosporia diversifolia*）（图 1-5a），芸香科的酒饼簕（*Atalantia buxifolia*），山茱萸科的土坛树（*Alangium salviifolium*）（图 1-5b），茜草科的海滨木巴戟（*Morinda citrifolia*），茄科的海南茄（*Solanum procumbens*）（图 1-5c）和少花龙葵（*Solanum americanum*），旋花科的小牵牛（*Jacquemontia paniculata*），马鞭草科的马缨丹（*Lantana camara*）（图 1-5d），天门冬科的天门冬（*Asparagus cochinchinensis*）等这些植物的果实多数颜色鲜艳，果实肉质丰富，酸甜可口，是鸟类和多种动物的优质食粮。果实被动物取食后，种子在动物体内难以消化，在动物迁移过程中被排泄到另一地方生根发芽实现传播。

（4）其他动物传播

除了鸟类取食以外，其他动物如养殖的畜禽和野生的倭花鼠、赤腹松鼠等会通过各种方式帮助种子传播并扩散到新的地方，促进植物的繁殖和种群的分布。一些植物种类依靠果实或种子小而轻，且表面具有针刺或有黏液分泌的特点，能黏附在动物的羽毛或体表上进行传播，如鬼针草（*Bidens pilosa*）种子有倒钩（图 1-6a），刺蒴麻（*Triumfetta rhomboidea*）、地桃花（*Urena lobata*）的果实具芒（图 1-6b, c），土牛膝（*Achyranthes aspera*）具有反折的长芒（图 1-6d），黄细

图 1-6　动物传播种子
a. 鬼针草；b. 刺蒴麻；c. 地桃花；d. 土牛膝

心（*Boerhavia diffusa*）果实具棱并具腺毛，假杜鹃裂片有刺状锯齿等，这些结构很容易黏附在动物的羽毛或人类的衣服上传播。有些植物既是海漂传播的植物又是鸟类传播的植物，如树头菜（*Crateva unilocularis*）、露兜树（*Pandanus tectorius*）等。具备多种传播方式的植物，其分布范围通常都比较大，如禾本科、莎草科的植物具有风力传播、海漂传播和鸟类传播的结构特征，种子或其他繁殖体传播的机会大增，从而实现个体数量多，分布区广泛等优势。

第二章

海南红树林
伴生植物区系特征

2.1 区系概况

2.1.1 物种组成

海南岛地处热带北缘，雨热充沛，自然条件优越，十分适宜植被生长。根据多次野外调查，标本考证，并参考现有资料（中国科学院华南植物研究所，1964—1977；中国科学院中国植物志编辑委员会，1978；杨小波，2013，2015，2019；邢福武，2012，2014），海南岛常见的红树林伴生植物有183种、2亚种、1变种，隶属于66科172属。其中蕨类植物4种，隶属于4科4属；被子植物182种，隶属62科168属，在被子植物中，双子叶植物143种，隶属49科134属，占区系种数的76.9%，为本植物区系的主体；单子叶植物39种，隶属13科34属（表2-1）。其中，海南特有植物1种，即海南留萼木。

表 2-1　海南红树林伴生植物物种组成及生活型组成

类　群	物种组成			生活型组成			
	科	属	种	乔木（占比）	灌木（占比）	草本（占比）	藤本（占比）
蕨类植物	4	4	4	—	—	1(0.5)	3(1.6)
被子植物	62	168	182	31(16.7)	19(10.2)	105(56.5)	27(14.5)
双子叶植物	49	134	143	25(13.5)	18(9.7)	75(40.3)	25(13.4)
单子叶植物	13	34	39	6(3.2)	1(0.5)	30(16.1)	2(1.1)
合　　计	66	172	186	31(16.7)	19(10.2)	106(57.0)	30(16.1)

2.1.2 科属特征分析

按科的大小分析，海南红树林伴生植物区系中没有含21～50种的大型科；含11～20种的中等科有3科，占总科数的4.5%，依次为：菊科（Asteraceae）（13）、禾本科（Poaceae）（15）、豆科（Fabaceae）（20）；含2～10种的中等科有26科，占总科数的39.4%，它们依次为：白花丹科（Plumbaginaceae）（2）、草海桐科（Goodeniaceae）（2）、番杏科（Aizoaceae）（2）、海金沙科（Lygodiaceae）（2）、桑科（Moraceae）（2）、桃金娘科（Myrtaceae）（2）、无患子科（Sapindaceae）（2）、兰科（Orchidaceae）（2）、山柑科（Capparaceae）（2）、紫草科（Boraginaceae）（2）、棕榈科（Arecaceae）（2）、露兜树科（Pandanaceae）（2）、唇形科（Lamiaceae）（3）、马鞭草科（Verbenaceae）

（3）、葫芦科（Cucurbitaceae）（3）、茄科（Solanaceae）（4）、叶下珠科（Phyllanthaceae）（4）、爵床科（Acanthaceae）（4）、茜草科（Rubiaceae）（5）、芸香科（Rutaceae）（6）、旋花科（Convolvulaceae）（6）、苋科（Amaranthaceae）（7）、夹竹桃科（Apocynaceae）（7）、锦葵科（Malvaceae）（8）、莎草科（Cyperaceae）（9）、大戟科（Euphorbiaceae）（9）；仅含一种的科有37科，占总科数的56.1%，常见的如刺茉莉科（Salvadoraceae）、番木瓜科（Caricaceae）、胡椒科（Piperaceae）、蒺藜科（Zygophyllaceae）、苦木科（Simaroubaceae）、楝科（Meliaceae）、落葵科（Basellaceae）、木麻黄科（Casuarinaceae）、肾蕨科（Nephrolepidaceae）、石蒜科（Amaryllidaceae）、藜科（Chenopodiaceae）、天南星科（Araceae）、西番莲科（Passifloraceae）、仙人掌科（Cactaceae）、葡萄科（Vitaceae）、香蒲科（Typhaceae）（表2-2）。可见在海南红树林伴生植物区系中，优势科的优势度占比很显著。

表2-2　海南红树林伴生植物科的统计

类　群	单种科	寡种科（2～10）	中等科（11～20）	大型科（21～50）
蕨类植物（占比）	4(6.1)	—	—	—
被子植物（占比）	33(50.0)	26(39.4)	3(4.5)	—
双子叶植物（占比）	26(39.4)	21(31.8)	2(3.0)	—
单子叶植物（占比）	7(10.6)	5(7.6)	1(1.5)	—
合计（占比）	37(56.1)	26(39.4)	3(4.5)	—

从科的水平看，海南红树林伴生植物中仍有典型的热带科如大戟科、红树科、豆科、仙人掌科、锦葵科和棕榈科等，同时也有少数分布中心在温带的科如忍冬科等。

属的数量结构分析表明，海南红树林伴生植物中仅含一种的属有161属，占全部属数的93.6%，所含种数为158，占全部种数的84.9%，可见，海南红树林伴生植物区系表现得更加脆弱；含2-5种的属有12属，占全部属数的7.0%，所含种数为29，占全部种数的15.6%。最大数为番薯属（*Ipomoea*）和莎草属（*Cyperus*），含有4个种。值得关注的是，海南其他生态系统中也比较少见的属如：留萼木属（*Blachia*）、紫丹属（*Tournefortia*）、忍冬属（*Lonicera*）、山柑藤属（*Cansjera*）和铁线子属（*Manilkara*），这表明对红树林伴生植物群落结构稳定性较弱。

2.1.3　生活型分析

红树林湿地环境条件具有高盐、高湿、高温、强光和强风等特点，恶劣的环境制约了许多陆生植物的生长。受其影响，除了部分耐水淹的植物能分布于红树林湿地中，其余大部分红树林伴生植物都分布在沿海潮上带，或分布在潮间带中呈岛状隆起不受海水浸淹的区域。在常见的186

种红树林伴生植物中，草本植物 106 种，占 57.0%，乔木有 31 种，占 16.7%，灌木有 19 种，占 10.2%，藤本植物 30 种，占 16.1%（图 2-1）。其中，乔木多以常绿树种为主，均为滨海地区常见的树种，如乌桕（*Triadica sebifera*）、苦楝（*Melia azedarach*）、银合欢（*Leucaena leucocephala*）、厚皮树（*Lannea coromandelica*）、榄仁（*Terminalia catappa*）和椰子（*Cocos nucifera*）等均为本地区的优势树种，共同构成沿海常绿阔叶混交林。灌木主要分布于海岸带乔木林内或林缘，常见的如白饭树（*Flueggea virosa*）、蓖麻（*Ricinus communis*）、马缨丹（*Lantana camara*）、和变叶裸实（*Gymnosporia diversifolia*）等，常与红树植物海漆（*Excoecaria agallocha*）、卤蕨（*Acrostichum aureum*）和半红树植物黄槿（*Talipariti tiliaceum*）、杨叶肖槿（*Thespesia populnea*）、水黄皮（*Pongamia pinnata*）、银叶树（*Heritiera littoralis*）等物种混生，构成林下优势灌木群落。

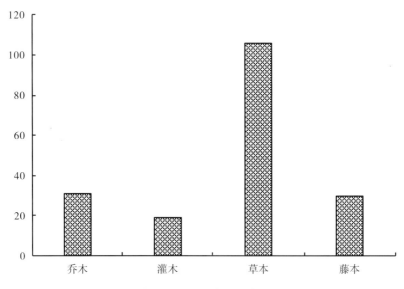

图 2-1   海南红树林伴生植物生活型比例

草本植物总数达 106 种，其所占比重最大（57.0%），其中以多年生草本植物为主，其中，海马齿（*Sesuvium portulacastrum*）、南方碱蓬（*Suaeda australis*）、鳢肠（*Eclipta prostrata*）、水蓑衣（*Hygrophila ringens*）、水葱（*Schoenoplectus tabernaemontani*）、野荸荠（*Eleocharis dulcis*）、球柱草（*Bulbostylis barbata*）、光叶藤蕨（*Stenochlaena palustris*）、芦苇（*Phragmites australis*）、水烛（*Typha angustifolia*）等是构成红树林后缘及其盐沼湿地常见物种。潮上带的半红树林下灌草丛以白茅（*Imperata cylindrica*）、羽芒菊（*Tridax procumbens*）、假臭草（*Praxelis clematidea*）、飞机草（*Chromolaena odorata*）、银胶菊（*Parthenium hysterophorus*）、长春花（*Catharanthus roseus*）、飞扬草（*Euphorbia hirta*）、甜麻（*Corchorus aestuans*）、鬼针草（*Bidens pilosa*）为主。

藤本植物为其他生活型植物群落的伴生种，分布于各类型群落中。其中鱼藤（*Derris trifoliata*）、小叶海金沙（*Lygodium microphyllum*）、小心叶薯（*Ipomoea obscura*）、铁草鞋（*Hoya pottsii*）、毒瓜

（*Diplocyclos palmatus*）、鸡屎藤（*Paederia scandens*）、厚叶崖爬藤（*Tetrastigma pachyphyllum*）为常见种，分布于次生林下灌木丛中。

2.1.4 入侵植物

海南红树林伴生植物中共有外来入侵植物 35 种，隶属于 14 科 33 属（表 2-3）。对其原产地分析结果表明，有 28 种外来入侵种基本都来源于美洲，占所有入侵植物总种数的 80.00%。其中 11 种来源于热带美洲。所记录到的外来入侵物种中，有 10 种被中国外来入侵物种信息系统（IASC）列为"1 级，恶性入侵类"，占所有入侵植物的 28.57%，分别是蒺藜草（*Cenchrus echinatus*）、互花米草（*Spartina alterniflora*）、鬼针草（*Bidens pilosa*）、假臭草（*Praxelis clematidea*）、银胶菊（*Parthenium hysterophorus*）、飞机草（*Chromolaena odorata*）、马缨丹（*Lantana camara*）、刺苋（*Amaranthus spinosus*）、五爪金龙（*Ipomoea cairica*）和落葵薯（*Anredera cordifolia*）。有 17 种被中国外来入侵物种信息系统列为"2 级，严重入侵类"，如田菁（*Sesbania cannabina*）、含羞草（*Mimosa pudica*）、银合欢（*Leucaena leucocephala*）、南美蟛蜞菊（*Sphagneticola trilobata*）、假马鞭（*Stachytarpheta jamaicensis*）和曼陀罗（*Datura stramonium*）等，占所有入侵植物的 48.57%。其中有 11 种植物被列入了《中国入侵植物名单》（第一 ~ 四批）。第一批包括互花米草、飞机草和微甘菊；第二批包括马缨丹、蒺藜草、银胶菊、刺苋和落葵薯；第三批包括三叶鬼针草和假臭草；第四批包括五爪金龙。

调查期间记录的外来植物分属于 14 科，其中菊科植物 8 种，占入侵植物总数的 22.86%；豆科 7 种，占 20.00%；禾本科 5 种，占 14.29%；大戟科 3 种，分别占 8.57%；马鞭草科、茄科和苋科各 2 种，各占 5.71%；其余锦葵科、落葵科、西番莲科、仙人掌科、旋花科和叶下珠科各 1 种。菊科外来植物不仅种数多、分布广、而且总量大。外来物种的入侵导致当地原生植物群落的物种组成和结构产生变化，进而对生态系统的稳定性和功能产生影响。为了有效管理和保护地区的生态系统，需要加强对外来入侵植物的监测，及时采取相应的防控措施，确保红树林湿地生态系统的可持续发展。

表 2-3　入侵植物名录

序号	种名	类型	科名	原产地
1	蓖麻（*Ricinus communis*）	灌木	大戟科	东非
2	飞扬草（*Euphorbia hirta*）	草本	大戟科	美洲
3	猩猩草（*Euphorbia cyathophora*）	草本	大戟科	中南美洲
4	酸豆（*Tamarindus indica*）	乔木	豆科	非洲
5	田菁（*Sesbania cannabina*）	草本	豆科	热带和亚热带地区

序号	种名	类型	科名	原产地
6	猪屎豆（*Crotalaria pallida*）	草本	豆科	美洲
7	紫花大翼豆（*Macroptilium atropurpureum*）	草本	豆科	热带美洲
8	巴西含羞草（*Mimosa diplotricha*）	草本	豆科	美洲
9	含羞草（*Mimosa pudica*）	草本	豆科	热带美洲
10	银合欢（*Leucaena leucocephala*）	乔木	豆科	热带美洲
11	红毛草（*Melinis repens*）	草本	禾本科	南非
12	互花米草（*Spartina alterniflora*）	草本	禾本科	南、北美洲的大西洋沿岸
13	蒺藜草（*Cenchrus echinatus*）	草本	禾本科	热带美洲
14	地毯草（*Axonopus compressus*）	草本	禾本科	热带美洲
15	铺地黍（*Panicum repens*）	草本	禾本科	热带地区
16	赛葵（*Malvastrum coromandelianum*）	灌木	锦葵科	美洲
17	鬼针草（*Bidens pilosa*）	草本	菊科	美洲
18	飞机草（*Chromolaena odorata*）	灌木	菊科	美洲
19	鳢肠（*Eclipta prostrata*）	草本	菊科	美洲
20	微甘菊（*Mikania micrantha*）	草本	菊科	中、南美洲
21	假臭草（*Praxelis clematidea*）	草本	菊科	南美洲
22	银胶菊（*Parthenium hysterophorus*）	草本	菊科	热带美洲
23	南美蟛蜞菊（*Sphagneticola trilobata*）	草本	菊科	热带美洲
24	羽芒菊（*Tridax procumbens*）	草本	菊科	热带美洲
25	落葵薯（*Anredera cordifolia*）	藤本	落葵科	南美洲
26	假马鞭（*Stachytarpheta jamaicensis*）	草本	马鞭草科	中、南美洲
27	马缨丹（*Lantana camara*）	灌木	马鞭草科	热带美洲
28	曼陀罗（*Datura stramonium*）	草本	茄科	墨西哥
29	水茄（*Solanum torvum*）	灌木	茄科	美洲加勒比地区
30	龙珠果（*Passiflora foetida*）	藤本	西番莲科	热带美洲
31	仙人掌（*Opuntia dillenii*）	灌木	仙人掌科	美洲大陆
32	刺苋（*Amaranthus spinosus*）	草本	苋科	热带美洲
33	青葙（*Celosia argentea*）	草本	苋科	南美洲亚马孙河流域
34	珠子草（*Phyllanthus niruri*）	草本	叶下珠科	美洲
35	五爪金龙（*Ipomoea cairica*）	草本	旋花科	热带亚洲或非洲

2.2 植物区系分析

　　植物分布区是指某一植物分类单位，如科、属或种分布的区域。植物区系特征包含着许多信息，研究植物区系特征，可以了解该地区植物群落结构和成分，认识该地区的自然环境和地理环境变化，植物区系的地理成分可以为植被区划提供参考依据。根据科、属或种的分布情况，可以将植物区系划分为不同的地理区域，可以更好地了解植物的地理分布规律，对于研究生物地理学、生态学和保护生物多样性都具有重要意义。

2.2.1 科的地理成分分析

　　参考吴征镒等（1991，2003，和2011）和陈灵芝（2014）的划分方法，海南红树林伴生植物66科可划分为7个类型和6个变型（表2-4），将其归并为世界分布、热带分布（类型2~6）、温带分布（类型8~8-2）3大类。其中世界分布21科，占海南红树林伴生植物总科数的31.8%，其代表科有：禾本科、蓼科（Polygonaceae）、唇形科（Labiatae）、茜草科、莎草科、旋花科（Convolvulaceae）、菊科、茄科（Solanaceae）、苋科（Amaranthaceae）等。

表2-4　海南红树林伴生植物科的分布区类型和变型

类型及变型		科数（个）	占非世界分布科比例（%）
世界分布	1. 世界分布	21	31.82
热带分布	2. 泛热带分布	28	42.42
	2-1. 热带亚洲、大洋洲和南美洲间断分布	1	1.52
	2-2. 热带亚洲—热带非洲—热带美洲分布	1	1.52
	2-3. 以南半球为主的泛热带分布	3	4.55
	3. 东亚（热带、亚热带）及热带南美间断分布	4	6.06
	3-1. 亚马孙河盆地	2	3.03
	4. 旧世界热带	1	1.52
	5. 热带亚洲至热带大洋洲	1	1.52
	6. 热带亚洲至热带非洲	1	1.52
温带分布	8. 北温带	1	1.52
	8-1. 北温带和南温带间断分布	1	1.52
	8-2. 欧亚和南美洲温带间断	1	1.52
合计		66	100.00

海南红树林伴生植物以热带、亚热带分布科为主，热带分布（类型 2～6）42 科，占区系总科的 63.64%。在热带分布科中，主要是泛热带分布类型及其变型，共有 33 科，占海南红树林伴生植物区系总科数的 50.00%，是占比例最大的类型，其优势科主要有：萝藦科（Asclepiadaceae）、大戟科、夹竹桃科（Apocynaceae）、樟科（Lauraceae）、爵床科、芸香科（Rutaceae）等。温带分布仅 3 科，且在温带分布科中，只有北温带分布类型及其变型。

2.2.2 属的地理成分分析

从属的地理成分来看，海南红树林伴生植物区系中世界分布共有 16 属，占所统计属总数的 9.30%，主要有苋属（Amaranthus）、白花丹属（Plumbago）、香蒲属（Typha）、茄属（Solanum）等；热带分布属（类型 2～7）共 150 属，占所统计属总数的 87.22%。其中泛热带分布属最多，占 47.68%，如榕属（Ficus）、马缨丹属（Lantana）、飞机草属（Chromolaena）、含羞草属（Mimosa）、红厚壳属（Calophyllum）、木姜子属（Litsea）等；其次是旧世界热带分布属，占 11.63%，如红

表 2-5   海南红树林伴生植物属的分布区类型和变型

类型及变型	属数	占总属数的比例（%）
1. 世界分布	16	9.30
2. 泛热带分布	77	44.77
2-1. 热带亚洲、大洋洲和南美洲（墨西哥）间断	1	0.58
2-2. 热带亚洲、非洲和南美洲间断	4	2.33
3. 热带亚洲和热带南美洲间断	14	8.14
4. 旧世界热带	20	11.63
5. 热带亚洲至热带大洋洲	11	6.40
6. 热带亚洲至热带非洲	10	5.81
6-1. 热带亚洲和东非间断	1	0.58
7. 热带亚洲（印度—马来西亚）	11	6.40
7-1. 越南（或中南半岛）至华南（或西南）	1	0.58
8. 北温带	1	0.58
9. 东亚及北美洲间断	2	1.16
10. 旧世界温带	1	0.58
10-1. 地中海区和喜马拉雅间断	1	0.58
14(SH)	1	0.58
总　　计	172	100.00

瓜属（*Coccinia*）、马齿苋属（*Portulaca*）、酢浆草属（*Oxalis*）、猪屎豆属（*Crotalaria*）、黄花稔属（*Sida*）、叶下珠属（*Phyllanthus*）等。而温带分布（类型 8～14）仅有 6 属，仅占 3.49%。如菖蒲属（*Acorus*）、忍冬属（*Lonicera*）等（表 2-5）。综上，从属的分布区类型看，热带分布属在海南红树林伴生植物区系中占绝对优势，热带性质十分显著。

2.3 红树林伴生植物群落

滨海地区风力强劲且终年不止，加上阳光充足，造成极为干燥的环境。红树林伴生植物在长期的进化过程中，不但适应了这种恶劣的环境，并且不断地繁衍生息，展现出顽强、卓绝的生命力，在防风防潮、防沙固沙、涵养水土、保护海边生物多样性等方面发挥着不可估量的生态效益（黄培祐，1983）。红树林伴生植物生长于海岸潮间带，其土壤与陆地森林土壤有着较大差异。具有含水量高、含盐量高、含硫化氢、酸度大、缺乏氧气的特点（黄青良和曾健，2004；李蜜等，2020）。根据红树林伴生植物适宜生长的海岸土壤类型的不同，可分为沙质、泥质和基岩海岸 3 种类型，不同的生境适宜多种植物的生长，形成由湿生植被、沙生植被和岩岸植被构成的层次丰富、物种多样的植物群落类型（李蜜等，2020；罗涛等，2008）。

（1）湿生（水生）植被

该类群多分布于淤泥质或泥沙质的海岸滩涂中，该区域受周期性潮水浸淹或终年积水，所以该类群具有耐水淹、耐盐碱等特点。但因其耐盐能力通常相比红树植物较弱，故多见于盐度较低的高潮带或红树林后缘半咸水湿地中。该类群常与真红树植物混生，与红树植物共同发挥着消浪护堤、净化水质等作用。代表性植物有海马齿（*Sesuvium portulacastrum*）、鱼藤（*Derris trifoliata*）、铺地黍（*Panicum repens*）、小草海桐（*Scaevola hainanensis*）、水烛（*Typha angustifolia*）、水葱（*Schoenoplectus tabernaemontani*）、荸荠（*Eleocharis dulcis*）、芦苇（*Phragmites australis*）等（图 2-2）。

图 2-2　湿生（水生）植被

（2）沙生（旱生）植被

该类群分布于红树林中隆起的台地、养殖塘堤以及红树林林缘，潮水很少淹及或不会淹及的区域。该区域土壤质地疏松、孔隙度大、含盐量高、保水保肥性能差；沙生（旱生）植被均为陆生树种，具有耐盐碱、耐旱、抗风、喜光的特点。该植被类群多与半红树植物混生，共同构筑海岸带的"第一道防线"，在防风固沙、保持水土等方面发挥着重要作用。代表性植物如椰子（*Cocos nucifera*）、木麻黄（*Casuarina equisetifolia*）、红厚壳（*Calophyllum inophyllum*）、榄仁（*Terminalia catappa*）、单叶蔓荆（*Vitex rotundifolia*）、厚藤（*Ipomoea pes-caprae*）、海刀豆（*Canavalia rosea*）、草海桐（*Scaevola taccada*）等均为沿海防风固沙和景观绿化的优良树种（图2-3）。

图2-3　沙生（旱生）植被

（3）岩岸（旱生）植被

岩岸也称基岩海岸，该类群落主要依靠海浪将其推送至风化沙砾地或岩石缝中，而后发育生长，具有耐贫瘠，耐旱、耐强光等特点，常见种类如草海桐（*Scaevola taccada*）、银毛树（*Tournefortia argentea*）、海刀豆（*Canavalia rosea*）、盐地碱蓬（*Suaeda salsa*）、艾堇（*Sauropus bacciformis*）、南方碱蓬（*Suaeda australis*）、酒饼簕（*Atalantia buxifolia*）等（图2-4）。

红树林伴生植物除了伴生于红树林湿地以外，还广泛分布于海南岛沿海乃至内陆地区。海南岛西部东方市四必湾、昌江海尾国家湿地公园等红树林分布区降雨量相对较少，个别物种形成小面积的单优群落，如露兜树群落、仙人掌群落、厚藤群落、盐地碱蓬群落、单叶蔓荆群落、海马

图2-4　岩岸（旱生）植被

齿苋群落、绢毛飘拂草群落与草海桐群落等；而儋州市新英湾、峨蔓湾等地植物群落通常低矮、稀疏，形成灌丛、刺灌丛或草丛，如刺果苏木群落、变叶裸实群落、酒饼簕群落、刺茉莉群落、牛筋果群落、田菁群落、鬣刺群落和青皮刺群落都有一定面积的分布。海南东部主要红树林分布区为海口市东寨港、文昌市清澜港、陵水县新村港、三亚市铁炉港、青梅港、三亚河，多为淤泥质或泥沙质沉积物，典型伴生植物群落为短叶茳芏群落、锈鳞飘拂草群落、水烛群落、水葱群落、荸荠群落、铺地黍群落、芦苇群落等。

调查发现，围塘养殖、城市开发、污染排放等人为活动均对红树林及其伴生植物造成了严重的破坏。滨海地区气候干燥、常年风大，生境十分脆弱，植被破坏后恢复十分缓慢。红树植物因其较高的生态价值受到严格的保护，并投入大量经费开展生态修复。相比保护极为严格的红树林，红树林伴生植物更易遭到破坏，也很难从海岸带生态系统的重建和恢复项目中获得经济支持，无形中削弱了红树林伴生植物防风固沙、保持水土的生态服务功能，也进一步降低了海岸带防灾减灾的能力。

第三章

红树林伴生
植物开发与利用

3.1 园林景观应用

　　随着沿海地区酒店、公园和房地产的大规模开发，滨海景观建设越来越重要，对景观的要求不仅强调突出地方特色，而且重视滨海生态维护和生物多样性保护。海南岛海滨植物种类复杂多样，并形成丰富多彩的海滨植物群落自然景观。其中，红树林伴生植物在沿海地区表现出了广泛的适应性和顽强的生命力，能够在海边高盐、干旱的恶劣环境下生长。并且，海南红树林伴生植物中不乏具有特殊形态、色彩或风韵，可作为城市园林绿化、森林公园、风景名胜区及居室绿化美化的植物。科学合理地开发利用红树林伴生植物资源，对建设滨海地区生态园林景观，提高滨海城市园林绿化水平，促进滨海地区生物多样性保护和可持续发展具有长远意义。

　　观赏植物的挖掘与开发，人们除了利用现有种类培育新品种外，常直接或间接由野生植物引种驯化并进行改良，使得观赏植物种类繁多。红树林伴生植物因具有适应滨海生长环境、抗逆性强、管理粗放、养护费用低等优点，更适宜海边园林绿化应用。经统计，本书收录的红树林伴生植物中，已栽培的物种有 31 种，另外还未开发，且具有观赏价值的有 61 种，共计 92 种，占总数

图 3-1 红树林伴生植物的园林绿化应用
a. 草海桐；b. 榄仁；c. 厚藤；d. 椰子

的 49.46%。目前海口、三亚、文昌等滨海城镇园林景观绿化存在植物种类单一、缺乏特色、景观效果较差等问题。除常见的如椰子（*Cocos nucifera*）、草海桐（*Scaevola sericea*）、榄仁（*Terminalia catappa*）等植物以外，其余红树林伴生植物应用较少。

3.1.1 观赏植物类型

根据观赏用途可分为：①园景树：如刺桐、榄仁、红厚壳、楝、厚皮树、木麻黄、酸豆、文定果、露兜树、对叶榕、鹊肾树、乌桕、台湾相思、倒吊笔、黄花夹竹桃、银毛树等；②行道树：乌墨、椰子、鱼木、竹节树、假苹婆、刺桐、榄仁、红厚壳、木麻黄、刺桐、马占相思等；③花灌木：海滨木巴戟、牛角瓜、刺葵、草海桐、酒饼簕、打铁树等；④花境：草海桐、长春花、肾蕨、数珠珊瑚、宽叶十万错、文殊兰、海芋、猩猩草、假杜鹃、青葙、猪屎豆；⑤地被植物：假蒟、小花十万错、沟叶结缕草等；⑥垂直绿化：华南忍冬、铁草鞋、落葵薯、厚叶崖爬藤、管花薯；⑦盆栽植物：海南留萼木、铁线子、车桑子等；⑧沙岸绿化：椰子、刺葵、单叶蔓荆、厚藤、海刀豆、长春花等；⑨湿地绿化：海马齿、小草海桐、水烛、水葱、荸荠、芦苇、卡开芦、羽穗状砖子苗、须叶藤等。

3.1.2 园林应用原则

（1）坚持"适地适树"的原则。红树林伴生植物园林景观应用，应遵循"适地适树"的原则，综合考虑植物的观赏性、生境适应性、栽培管理成本等方面因素，因地制宜地选取优良的红树林伴生植物进行栽培、繁殖、驯化和推广。

（2）坚持"物种多样性"的原则。物种多样性是景观多样性的基础，具有提高园林的观赏价值，增强绿化植物群落的抗干扰能力和稳定性，增加其生态服务价值的作用。多样的物种组成和丰富的群落结构能形成缤纷多彩的群落景观，满足人们的不同审美要求，改善城市的生态环境。

（3）坚持"师法自然"的原则。提高滨海城市园林植物景观多样性，摒弃所有情况下都使用"乔—灌—草"配置模式的思维定式，构建"近自然"模式的海岸带植物群落，提高植物群落的观赏性与生态环境的稳定性。推动乡土树种、濒危树种在园林绿化中的应用，建设生态型、节约型、稳定型园林植物群落，营造多样、特色滨海植物景观。

3.2 生态修复应用

滨海植物都具备一定的生态防护功能，本节所指生态防护植物，特指生长于红树林中或林缘，具有防风固沙、消浪促淤、水土保持、净化水质和土壤改良等生态防护功能，可作为海岸带景观绿化和生态修复的植物，对海岸带防灾减灾和可持续发展具有积极意义。经统计，有63种可用于生态防护的物种，占总数的33.87%。如芦苇、荸荠、多枝扁莎、海马齿、假马齿苋、铺地黍、水葱、水烛等多生于泥质海滩的潮间带或潮上带，具有耐水淹、耐盐碱等特点。在防浪促淤、净化水质等方面具有良好效果，可用于海岸泥质岸线的绿化；木麻黄、椰子、刺葵、单叶蔓荆、厚藤、露兜树、海刀豆、仙人掌、长春花等生长于沙质海岸的潮上带，具有抗风、耐干旱、耐盐碱等特点，在防风固堤、保持水土等方面具有较高的生态价值，可作为海岸基干林带的造林树种。此外，如海刀豆、滨豇豆、紫花大翼豆、酸豆等豆科植物对土壤有一定的改良作用。

3.3 药用

通过查阅相关资料（朱太平，2007；代正福，2012；梅文莉等，2008，2010；戴好富等，2014；邢福武，2012，2014），并通过观察和问询当地居民，发现海南红树林伴生植物中有丰富的药用植物资源。药用植物包括中药原料和民间利用的草药，其具备治疗疾病和保健功能。在该区域共发现了66种药用植物，占据了本地区植物总数的35.48%。其主要有用于抗肿瘤的相思子（*Abrus precatorius*）、变叶裸实（*Gymnosporia diversifolia*）等，用于清热利尿、解毒消肿的海金沙（*Lygodium japonicum*）等；用于抗寄生虫疾病的楝（*Melia azedarach*）等；用于抗炎镇痛的刺苋（*Amaranthus spinosus*）、厚藤（*Ipomoea pes-caprae*）等；用于治疗感冒和支气管炎的酒饼簕（*Atalantia buxifolia*）等。常见的药用植物还有番石榴（*Psidium guajava*）、马缨丹（*Lantana camara*）、九里香（*Murraya exotica*）、鸡屎藤（*Paederia foetida*）、含羞草（*Mimosa pudica*）等。这些植物有着丰富的药用成分，为人们提供了医用药材的来源。一些药用植物在民间的利用已经延续了上千年。通过煎煮、炖煮、浸泡等方式，人们将其制作成药剂或草药汤剂，用于治疗各种疾病。反映了地区居民对于自然资源的深刻认识和传统草药知识的积累，经验和智慧代代相传逐渐形成了海南民间丰富的物质文化遗产。

3.4 食用

植物中含有淀粉、糖类、蛋白质、维生素等营养成分，可直接食用或烹饪处理后可供食用的物种划归为食用植物。海南红树林伴生植物中不乏此类物种，约有55种，占总数的29.57%。具有食用价值的果树常见的如酸豆、假黄皮、土坛树、文定果、番木瓜、番石榴、波罗蜜、乌墨、椰子、仙人掌、龙珠果等果实甘甜，可做水果食用；盐地碱蓬、少花龙葵、鸡屎藤、假蒟、落葵薯、小花十万错、宽叶十万错等可作为蔬菜食用；饲用植物有斑茅、白茅、对叶榕等。

3.5 用材

红树林湿地植物中有大量的用材和原料植物，其中纤维植物有 52 种，占总数的 27.96%。主要有厚皮树、破布叶、假苹婆等，是较好的绳索纤维材料。用材植物有 26 种，占总数的 13.98%。如红厚壳、木麻黄、椰子、楝、鹊肾树、马占相思、台湾相思和芦苇等，其中红厚壳和台湾相思木材耐腐蚀可做船舰和家具；木麻黄木材可用于建筑耗材等多种生产用途；椰子树主干可用做工艺品、蜂箱，椰子外果皮可捣碎成椰糠作为良好的园艺栽培基质。铁线子木材是红檀木中的一种，经济价值高，中国每年都需要大量进口。其种子榨取的油富含不饱和脂肪酸，种子含油 25.00%，种仁含油 47.00%，其油可食用和药用；马占相思是优良的纤维用材，是良好的造纸材料，20 世纪 30 年代初开始引入，逐渐成为我国华南地区主要的用材林树种之一；而芦苇也是优良的造纸原材料。研究表明，1.80kg 的纸可以从干重 4.00kg 的芦苇中得到，转化率约为 45.00%。

3.6 可持续利用建议

红树林伴生植物经过长期的进化，适应了滨海红树林湿地恶劣的环境，展现出顽强、卓绝的生命力，在防风防潮、防沙固沙、涵养水土、保护海边生物多样性等方面具有不可估量的生态效益。因其特殊的生长条件和功能价值对国家生态、经济和社会都会产生巨大的作用和深远的影响，故加强红树林保护应遵循红树林生态系统演替规律和内在机理，坚持按照整体保护、系统修复、综合治理的原则，从而实现红树林生态系统的整体修复，包括对红树植物、半红树植物和红树林伴生植物的保护和修复，增强红树林生态系统的生态服务功能。

第四章

红树林伴生植物资源

小叶海金沙

Lygodium microphyllum

海金沙科

海金沙属

识别要点　藤本。叶轴纤细如铜丝，二回羽状；羽片多数，羽片对生于叶轴距，顶端密生红棕色毛，不育羽片生于叶轴下部，长圆形，奇数羽状，或顶生小羽片2叉，小羽片4对，互生，柄端具关节，基部心形，近平截或圆，具钝齿或不明显；叶脉清晰，3出；叶薄草质，干后暗黄绿色，两面光滑；孢子囊穗排列于叶缘，达羽片先端，5～8对，线形，黄褐色，光滑。

分布　产于福建、台湾、广东、香港、海南、广西及云南等地。

生境　攀附在红树植物树干上或附生于石上。

光叶藤蕨

Stenochlaena palustris

乌毛蕨科
光叶藤蕨属

识别要点　藤本。根茎横走攀缘，坚硬，木质，幼时被鳞片，老时光秃，绿色。叶疏生，二型；奇数一回羽状，羽片多数，下部的和顶端较中部略短，不育叶的中部羽片长约 15 厘米，宽披针形或长圆状披针形，渐尖头，有时尾状，基部圆楔形，上侧有 1 小腺体，几无柄，以关节和羽轴相连，边缘软骨质，有斜锐锯齿；叶革质，平滑，有光泽；能育叶羽片线形，孢子囊群密被叶下面，有时常被叶缘覆盖。

分布　产于广东、海南及云南等地。

生境　生于红树林中或红树林后缘半咸水湿地中，常与卤蕨等混生。

用途　具有治疗发热、皮肤疾病、溃疡、胃痛的功效。

肾 蕨

波士顿蕨、石黄皮

Nephrolepis cordifolia

肾蕨科

肾蕨属

识别要点　多年生草本。根状茎直立，有蓬松的淡棕色长钻形鳞片，下部有粗铁丝状的匍匐茎。叶呈暗褐色，成堆生长，略有光泽，上面有纵沟，下面是圆形；叶片线状披针形或狭披针形，叶脉明显，侧脉纤细，顶端还有纺锤形的水囊；孢子囊群在叶子背面两侧各排成一行，呈狭肾形。

分布　产于福建、台湾、广东、海南、广西、贵州、云南和西藏等地。

生境　生于红树林林缘旷野、荒地中。

用途　可作观赏；块茎富含淀粉，可食，亦可供药用。

抱树莲

抱树石韦

Pyrrosia piloselloides

水龙骨科

石韦属

识别要点 根状茎横走，茎密被鳞片；鳞片卵圆形，中部深棕色，边缘淡棕色并具有长睫毛，盾状着生；无柄或能育叶具短柄。不育叶近圆形，或为椭圆形，顶端阔圆形，基部渐狭，下延，肉质，平滑；能育叶线形或长舌状，顶端阔圆形，有时分叉，基部渐狭，长下延，质地和毛被同不育叶。主脉仅下部可见，小脉不显。孢子囊群线形，贴近叶缘成带状分布，连续，偶有断开，近基部不育。

分布 产于海南、云南。

生境 附生于红树植物树干上。

用途 可做药用，具有清热解毒，消肿，止血，杀虫的功效。用于风湿肿痛，跌打损伤等。

潺槁木姜子
青野槁、胶樟
Litsea glutinosa

樟科
木姜子属

识别要点 常绿乔木。幼枝被灰黄色绒毛。叶互生，倒卵状长圆形或椭圆状披针形，先端钝圆，基部楔形。伞形花序，花梗被灰黄色绒毛，花被片不完全或缺。果球形。花期5～6月，果期9～10月。

分布 产于广东、广西、海南、福建及云南等地。

生境 生于红树林林缘，与半红树混生。

用途 木材可供家具用材；根皮和叶，民间入药，清湿热、消肿毒，治腹泻，外敷治疮痈。同时也是优良的生态树种和园林绿化树种。

假 蒟

假蒌

Piper sarmentosum

胡椒科

胡椒属

识别要点　多年生草本。小枝近直立。叶近膜质，有细腺点，顶端短尖，基部心形或稀有截平，两侧近相等；叶脉7条，干时呈苍白色，背面显著凸起；上部的叶小，基部浅心形、圆、截平或稀有渐狭。花单性，雌雄异株，聚集成与叶对生的穗状花序；花序轴被毛；苞片扁圆形。果实接近球形；花期4～11月。

分布　产于福建、海南、广东、广西、云南、贵州及西藏等地。

生境　与半红树植物混生于林下。

用途　可药用。主治风湿骨痛、跌打损伤、风寒咳嗽、妊娠和产后水肿。

黄花草
臭矢菜、野油菜、黄花菜
Arivela viscosa

白花菜科
黄花草属

识别要点 一年生直立草本。茎被黏质腺毛，有异味。掌状复叶，薄草质，侧生小叶渐小，无托叶。总状花序顶生，被毛；萼片披针形，背面具黏质腺毛；花瓣黄色，窄倒卵形或匙形，无爪；雄蕊着生花盘上。果呈圆柱形有纵网纹，被黏质腺毛。种子黑褐色，有皱纹。花果期几全年，通常3月出苗，7月果熟。

分布 产于安徽、浙江、江西、福建、台湾、湖南、广东、广西、海南及云南等地。

生境 生态环境差异较大，多见于干燥气候条件下的荒地、路旁及田野间。

用途 全草入药，主治热结火症，日夜烧不退，五经血燥。

刺茉莉

Azima sarmentosa

刺茉莉科
刺茉莉属

识别要点 直立灌木。叶纸质或薄革质，卵形、椭圆形或倒卵形，先端尖，绿色，有光泽，中脉在两面突起。圆锥花序或总状花序；花小，雌雄异株或同株，淡绿色；雄花花萼钟形，深裂，裂片钝；花瓣稍长于花萼，长圆形，全缘或先端具细齿；雄蕊较花冠长；雌花花冠与雄花相同，但较短；退化雄蕊短于花瓣；两性花与雌花相似，具发育雄蕊。浆果球形，白或绿色。花期1～3月。

分布 广泛分布于海南。

生境 红树林林缘或疏林下。

海马齿

Sesuvium portulacastrum

番杏科

海马齿属

识别要点　多年生肉质草本。茎平卧或匍匐，绿色或红色，有白色瘤状小点，多分枝，常节上生根。叶片厚，肉质，顶端钝，中部以下渐狭成短柄状，基部变宽，边缘膜质，抱茎。花小，单生叶腋；裂片5，卵状披针形，外面绿色，里面红色，边缘膜质，顶端急尖。蒴果卵形，长不超过花被，中部以下环裂。种子小，亮黑色，卵形，顶端凸起。花期4～7月。

分布　产于福建、台湾、广东、海南等地。

生境　生于近海岸的沙地上或红树林后缘半咸水湿地中。

假海马齿

沙漠似马齿苋

Trianthema portulacastrum

番杏科

假海马齿属

识别要点　一年生草本。叶薄肉质，无毛，先端钝，微凹、平截或微尖，基部楔形。花无梗，单生叶腋；5裂，淡粉红，稀白色，花被筒和1或2个叶柄基部贴生，形成漏斗状囊，裂片稍钝，中肋顶端具短尖头；雄蕊10～25，花丝白色，无毛。蒴果顶端平截，2裂，上部肉质，不裂，基部壁薄。种子2～9，肾形，黑色，具螺状皱纹。

分布　产于台湾、广东、海南等地。

生境　空旷干沙地或海岸高潮带滩涂上。

用途　可入药，对咳嗽、便秘、贫血、黄疸、肝病、风湿病、腹水、淋病、皮肤病、蛇咬伤等有一定功效。

毛马齿苋

多毛马齿苋

Portulaca pilosa

马齿苋科

马齿苋属

识别要点　一年生或多年生草本。茎密丛生，铺散，多分枝。叶互生，叶片近圆柱状线形或钻状狭披针形，腋内有长疏柔毛，茎上部较密。萼片长圆形；花瓣5，红紫色，宽倒卵形，先端钝或微凹，基部连合；雄蕊20～30，花丝红色，分离；花柱短，柱头3～6。蒴果卵球形，蜡黄色，盖裂。种子深褐黑色，被小瘤。

分布　产于福建、台湾、广东、海南、广西、云南等地。

生境　多海边沙地及开阔地，性耐旱，喜阳光。

用途　可用作刀伤药，将叶捣烂贴伤处。

数珠珊瑚

小商陆、蕾芬

Rivina humilis

蒜香草科

数珠珊瑚属

识别要点　亚灌木。茎二叉分枝，具棱；幼枝被柔毛，后脱落。叶卵形或卵状披针形，先端尾尖，基部楔形或稍圆，下面中脉被柔毛。总状花序，腋生，稀顶生，直立或弯曲，被柔毛；花小，两性；花被片4，花瓣状，白或粉红色；雄蕊4。浆果稍扁球形，红或橙色。种子双凸镜状。花果期几乎全年。

分布　原产热带美洲；我国浙江、福建、广东、海南有栽培。

生境　逸生于红树林林缘旷野、荒地中。

用途　可用于瓶插观赏，是优良的观果植物。

节 藜

印度肉苞海蓬

Tecticornia indica

藜科

澳海蓬属

识别要点　多年生草本。下部木质，多分枝；枝向上，幼嫩时去掉叶鞘后极细而坚硬，成长后变粗且木质化。叶鞘生在嫩枝上，其扩展的顶部有薄而具小齿的宿存边缘。穗状花序单生，圆柱形，很钝，比枝粗；花单性，同株。胞果扁，坚硬。种子直立，圆形，种皮膜质。

分布　产于海南、广东等地。

生境　生于滨海潮湿泥地或沙地中。

刺 苋

Amaranthus spinosus

苋科
苋属

识别要点　一年生草本。茎直立，多分枝，有纵条纹，绿色或带紫色，无毛或稍有柔毛。叶片菱状卵形或卵状披针形，顶端圆钝，基部楔形，全缘；叶柄无毛，在其旁有2刺。圆锥花序腋生及顶生。种子近球形，黑色或带棕黑色。花果期7～11月。

分布　原产于热带美洲；我国产于海南、四川、云南、贵州、广西、广东、福建、台湾等地。

生境　生于红树林林缘旷野、荒地中。

用途　嫩茎叶可作野菜食用；全草供药用，有清热解毒、散血消肿的功效。

匍匐滨藜

Atriplex repens

苋科

滨藜属

识别要点　小灌木。枝互生，浅绿色，具微条棱。叶互生，叶片宽卵形至卵形，肥厚，全缘，两面均为灰绿色，有密粉，先端圆或钝。雄花花被锥形，裂片倒卵形，花丝扁平，基部连合；雌花的苞片果时三角形至卵状菱形，黄白色，中线两侧常常各有 1 个向上的突出物。胞果扁，卵形，果皮膜质。种子红褐色至黑色。果期 12 月至翌年 1 月。

分布　原产热带美洲；我国产于广东、海南等地。

生境　生于海滨空旷沙地。

南方碱蓬

Suaeda australis

苋科

碱蓬属

识别要点 小灌木。茎多分枝，下部常生有不定根，灰褐色至淡黄色。叶条形，半圆柱状，粉绿色或带紫红色，先端急尖或钝。团伞花序含 1 ～ 5 花，腋生；花两性；花被顶基略扁，稍肉质，绿色或带紫红色，5 深裂，裂片卵状矩圆形，果时增厚，不具附属物。胞果扁，圆形，果皮膜质，易与种子分离。种子双凸镜状，黑褐色，有光泽，表面有微点纹。花果期 7 ～ 11 月。

分布 原产地为墨西哥；我国产于广东、广西、海南、福建、台湾、江苏等地。

生境 生于海滩沙地、红树林边缘等处，常成片群生。

盐地碱蓬
黄须菜、翅碱蓬
Suaeda salsa

苋科

碱蓬属

识别要点　一年生草本。绿色或紫红色。茎直立，圆柱状，黄褐色，有微条棱，无毛；分枝多集中于茎的上部，细瘦，开散或斜升。叶条形，半圆柱状。团伞花序通常含 3～5 花，腋生，在分枝上排列成有间断的穗状花序。胞果包于花被内。种子横生，双凸镜形或歪卵形。花果期 7～10 月。

分布　广泛分布于我国沿海省份。

生境　生于沿海的海滩盐地上、田野沙土中、河岸或石缝间。

用途　幼苗可做菜，亦可用作海边或沙滩的防沙固土植物。

青 葙
野鸡冠花、指天笔
Celosia argentea

苋科
青葙属

识别要点 一年生草本。叶长圆状披针形、披针形或披针状条形，绿色常带红色，先端尖或渐尖，具小芒尖，基部渐窄。圆柱状穗状花序不分枝；苞片及小苞片披针形，白色，先端渐尖成细芒，具中脉；花被片长圆状披针形，花初为白色顶端带红色，或全部粉红色，后成白色；花药紫色；花柱紫色。胞果卵形，包在宿存花被片内。种子肾形，扁平，双凸；花期5～8月，果期6～10月。

分布 原产美洲；分布几遍全国，野生或栽培。

生境 生于红树林林缘旷野、荒地中。

用途 种子供药用，有清热明目作用；花序宿存经久不凋，可供观赏；植物可作饲料。

土牛膝
倒梗草、倒钩草、倒扣草
Achyranthes aspera

苋科

牛膝属

识别要点　多年生草本。茎四棱形，被柔毛，节部稍膨大，分枝对生。叶椭圆形或长圆形，先端渐尖，基部楔形，全缘或波状，两面被柔毛，或近无毛。穗状花序顶生，直立，花在花后反折，花序梗密被白色柔毛；退化雄蕊顶端平截，流苏状长缘毛。胞果卵形。种子卵形，褐色。花期6～8月，果期10月。

分布　产于湖南、江西、台湾、广东、广西、四川、云南、海南等地。

生境　生于山坡疏林或村庄附近空旷地，海拔800～2300米。

用途　根药用，有清热解毒、利尿的功效，主治感冒发热，扁桃体炎，白喉，流行性腮腺炎，泌尿系结石，肾炎水肿等症。

莲子草

节节花、虾钳菜

Alternanthera sessilis

苋科

莲子草属

识别要点 多年生草本。叶条状披针形、长圆形、倒卵形、卵状长圆形，先端尖或圆钝，基部渐窄，全缘或具不明显锯齿，两面无毛或疏被柔毛。头状花序1～4个，腋生，无花序梗，初球形，果序圆柱形；花序轴密被白色柔毛；苞片卵状披针形。胞果倒心形，侧扁，深褐色，包于宿存花被片内。种子卵球形。花期5～7月，果期7～9月。

分布 产于安徽、江苏、浙江、江西、湖南、湖北、四川、云南、贵州、福建、台湾、广东、广西、海南等地。

生境 红树林周边草坡、水沟、田边或沼泽、海边潮湿处。

用途 全植物入药，有散瘀消毒、清火退热的功效，治牙痛、痢疾，疗肠风、下血；嫩叶作为野菜食用，又可作饲料。

落葵薯

洋落葵、藤三七

Anredera cordifolia

落葵科

落葵薯属

识别要点　缠绕草质藤本。根茎粗壮。叶卵形或近圆形，先端尖，基部圆或心形，稍肉质，腋生珠芽。总状花序具多花，苞片宿存；花托杯状，花被片白色，渐变黑，卵形至椭圆形；雄蕊白色；花柱白色，3 叉裂。花期 6～10 月。

分布　原产南美热带地区；江苏、浙江、福建、广东、四川、云南、海南及北京有栽培。

生境　生长在红树林林缘、河岸岩石上、荒地或灌丛中。

用途　珠芽、叶及根供药用，有滋补、壮腰膝、消肿散瘀的功效。

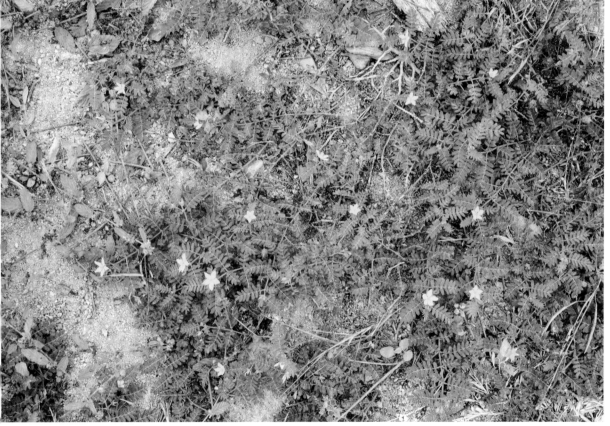

蒺 藜

白蒺藜、蒺藜狗

Tribulus terrestris

蒺藜科

蒺藜属

识别要点　一年生草本。茎的基部分枝，平卧地上，全株密生丝状柔毛。叶对生，偶数羽状复叶，下面长满白色伏毛。花单生叶腋，两性。果实为分裂果，由 4～5 个不开裂、带刺的心皮组成。花期 5～8 月，果期 6～9 月。

分布　全国各地均有分布。

生境　红树林周边高地、草地或沙滩上。

用途　可入药，平肝解郁，活血祛风，明目，止痒。

了哥王

雀儿麻、哥春光

Wikstroemia indica

瑞香科

荛花属

识别要点　灌木。叶对生，纸质至近革质，倒卵形、椭圆状长圆形或披针形，先端钝或急尖，基部阔楔形或窄楔形，干时棕红色，无毛，侧脉细密，极倾斜。花黄绿色，数朵组成顶生头状总状花序；宽卵形至长圆形，顶端尖或钝；雄蕊 8，2 列，着生于花萼管中部以上。果椭圆形，成熟时红色至暗紫色。花果期夏秋间。

分布　产于广东、海南、广西、福建、台湾、湖南、四川、贵州、云南、浙江等地。

生境　生于岩质海岸石缝中或红树林中的小高地或沙滩上，与半红树混生。

用途　根可入药，用于肺热咳嗽、风湿痹痛，疮疖肿毒，水肿腹胀。

黄细心

沙参

Boerhavia diffusa

紫茉莉科

黄细心属

识别要点　多年生蔓性草本。根肉质。茎无毛或被疏短柔毛。叶片卵形，顶端钝或急尖，基部圆形或楔形，边缘微波状，两面被疏柔毛，下面灰黄色，干时有皱纹；花丝细长。果实棍棒状，有粘腺和疏柔毛。花果期夏秋间。

分布　产于福建、台湾、广东、海南、广西、四川、贵州、云南等地。

生境　生于河口湿地岸边或红树林林缘旷野、荒地中。

用途　根药用，有消毒、祛瘀镇痛、消炎生肌、止血的功效。

龙珠果
龙眼果、假苦果、西番莲
Passiflora foetida

西番莲科
西番莲属

识别要点　草质藤本。茎具条纹并被平展柔毛。叶膜质，宽卵形至长圆状卵形，先端3浅裂，基部心形，边缘呈不规则波状；托叶半抱茎，深裂，裂片顶端具腺毛。聚伞花序退化仅存1花，与卷须对生；花白色或淡紫色，具白斑；萼片5枚；花瓣5枚，与萼片等长；具花盘，杯状；雄蕊5枚，花丝基部合生，扁平。浆果卵圆球形。种子多数，椭圆形，草黄色。花期7～8月，果期翌年4～5月。

分布　原产西印度群岛；我国海南、广西、广东、云南、台湾等地有分布。

生境　常攀缘于红树林林缘灌丛上，与半红树植物混生。

用途　果味甜可食。广东兽医用果治猪、牛肺部疾病。

红 瓜

Coccinia grandis

葫芦科

红瓜属

识别要点　攀缘草本。多分枝，有棱角，无毛。叶宽心形，两面被颗粒状小凸点，先端钝圆，基部有数个腺体，叶下面腺体明显，穴状。雌雄异株；雌花、雄花均单生；萼筒宽钟形，裂片线状披针形；花冠白或稍黄色，5中裂，裂片卵形；雄蕊3，花丝及花药合生，花药近球形，药室折曲；果纺锤形，熟时深红色；种子黄色，长圆形，两面密被小疣点，顶端圆。

分布　产于广东、广西、海南和云南等地。

生境　与半红树植物混生，攀缘其上。

毒 瓜

花瓜

Diplocyclos palmatus

葫芦科

毒瓜属

识别要点　攀缘草本。叶宽卵圆形，掌状5深裂。雌雄同株，雌、雄花常各数朵簇生在同一叶腋；雄花无毛，花萼裂片开展，钻形；花冠绿黄色，裂片卵形，具3脉；雄蕊3，花丝离生，花药卵形，药室折曲。果实近无柄，球形，不开裂，果皮平滑，黄绿至红色，并间以白色纵纹。种子少数，卵形，褐色，两面凸起，环以隆起环带。花期3～8月，果期7～12月。

分布　产于海南、台湾、广东和广西等地。

生境　攀缘于红树林之上。

凤瓜

凤瓜
Trichosanthes scabra

葫芦科

栝楼属

识别要点　一年生藤本植物。茎、枝纤细，匍匐，节上生根。单叶互生，叶片纸质或薄革质，肾形或阔卵状心形。花单性同株，雄花单生或排成总状花序；花冠白色，子房卵形。果实近球形，熟时橙红色。种子多数，狭长圆形。花期 6～9 月，果期 9～12 月。

分布　产于广东、广西、云南、海南和贵州。

生境　生于海滩或沿海的台地灌丛中。

番木瓜
番瓜、木瓜
Carica papaya

番木瓜科
番木瓜属

识别要点　常绿软木质小乔木。具乳汁；茎不分枝或有时于损伤处分枝，托叶痕螺旋状排列。叶大，聚生茎顶，近盾形；叶柄中空。花单性或两性，有些品种雄株偶生两性花或雌花，并结果，有时雌株出现少数雄花。浆果肉质，成熟时橙黄或黄色，长球形，倒卵状长球形，梨形或近球形，果肉柔软多汁，味香甜。种子多数，卵球形，成熟时黑色，外种皮肉质，内种皮木质，具皱纹。花果期全年。

分布　原产热带美洲。我国福建、台湾、广东、海南、广西、云南等地广泛栽培。

生境　生于红树林林缘，常与半红树植物混生。

用途　果实成熟可作水果，未成熟的果实可作蔬菜。

仙人掌

Opuntia dillenii

仙人掌科
仙人掌属

识别要点 丛生肉质灌木。上部分枝宽倒卵形、倒卵状椭圆形或近圆形,先端圆形,边缘常不规则波状,基部楔形或渐窄;小窠疏生,突出,密生短绵毛和倒刺刚毛,刺黄色;倒刺刚毛暗褐色,直立。叶钻形,绿色,早落。花辐状;瓣状花被片倒卵形或匙状倒卵形,黄色;花丝淡黄色或黄色;柱头5,黄白色。浆果倒卵球形,顶端凹下,基部稍窄缩成柄状,紫红色,每侧具5~10个突起小窠。

分布 原产美洲、澳大利亚。广东、广西和海南沿海地区逸为野生。

生境 红树林中或林缘的小高地或沙滩上,常与半红树植物混生。

用途 通常栽作围篱,茎供药用,浆果酸甜可食。

番石榴
Psidium guajava

桃金娘科

番石榴属

识别要点　乔木。树皮平滑，灰色，片状剥落。嫩枝有棱，被毛。叶片革质，长圆形至椭圆形，先端急尖或钝，基部近于圆形，上面稍粗糙，下面有毛。花单生或2～3朵排成聚伞花序；萼管钟形，有毛，萼帽近圆形，不规则裂开；花瓣白色。浆果球形、卵圆形或梨形，顶端有宿存萼片，果肉白色及黄色，胎座肥大，肉质，淡红色。种子多数。

分布　原产南美洲。华南各地栽培。

生境　逸生于红树林林缘旷野、荒地中。

用途　果实可供食用。

乌 墨

海南蒲桃、乌楣

Syzygium cumini

桃金娘科

蒲桃属

识别要点 乔木。幼枝圆柱形或稍扁，干后灰白色。叶椭圆形或窄椭圆形，先端圆或钝或骤尖，有短尖头，基部钝，宽楔形或稍圆，上面有光泽，两面多腺点，侧脉多而密。圆锥花序腋生或生于花枝顶端；花蕾倒卵圆形；花白色，3～5簇生花序轴分枝的顶端，萼筒倒圆锥形，花瓣4，分离，卵圆形；花柱与雄蕊近等长。果卵圆形、长圆形、橄榄形或球形，紫红至黑色，顶部有宿存萼筒。有1种子。

分布 产于台湾、福建、广东、广西、云南等地。

生境 生于红树林林缘，常与半红树植物混生。

用途 观赏，可用作行道树。

榄 仁

山枇杷树、大叶榄仁
Terminalia catappa

使君子科
榄仁属

识别要点　落叶乔木。树皮褐黑色，纵裂而剥落状。枝平展，具密而明显的叶痕。叶大，互生，常密集于枝顶，叶片倒卵形，先端钝圆或短尖，全缘，稀微波状，主脉粗壮，背面凸起。穗状花序长而纤细，腋生，雄花生于上部，两性花生于下部；花多数，绿色或白色；萼筒杯状，内面被白色柔毛；雄蕊10，伸出萼外。果椭圆形，常稍压扁，具2棱，棱上具翅状的狭边，两端稍渐尖，果皮木质，坚硬，成熟时青黑色。种子1颗，矩圆形。花期3～6月，果期7～9月。

分布　产于广东、台湾、云南等地。

生境　生于红树林林缘沙滩上，常与半红树植物混生。

用途　优良的园林绿化树种，可作行道；树木材可为舟船、家具等用材。

红厚壳

琼崖海棠

Calophyllum inophyllum

藤黄科

红厚壳属

识别要点　常绿乔木。树皮暗褐色或灰褐色。幼枝具纵条纹。叶厚革质，椭圆形或宽椭圆形，顶端钝，圆形或微缺，两面都有光泽，侧脉细密，极多，两面凸起；叶柄粗壮。总状花序，有时为圆锥花序；花两性，白色，有香味。核果球形，成熟时黄色，肉质。花期 3 ～ 6 月，果期 9 ～ 11 月。

分布　产于海南、台湾等地。

生境　生于红树林林缘，与半红树植物混生。

用途　木材可用于造船、房屋建筑，制作物具器械和农具等；亦可用于园林绿化或海防林营造。

文定果

文丁果

Muntingia calabura

文定果科

文定果属

识别要点　常绿小乔木。树皮灰色。大枝平展，小枝密生软毛和腺毛，幼枝稍有黏质。叶排成双对，2列；叶片长圆状卵形，先端渐尖，基部斜心形，密被毛，具3～5主脉，叶缘具尖齿。花生叶腋，花瓣白色，宽倒卵形，具皱褶。浆果肉质，卵圆形，光滑，熟时红色。全年开花，盛花期1～3月。

分布　原产热带美洲、西印度群岛。国内分布于海南、广东、福建等地。

生境　生于红树林林缘，常与半红树植物混生。

用途　树形、枝叶、花和果实均具有很高的观赏价值。

磨盘草
耳响草、石磨子
Abutilon indicum

锦葵科

苘麻属

识别要点 灌木状草本。分枝多，全株均被灰色短柔毛。叶卵圆形或近圆形，先端短尖或渐尖，边缘具不规则锯齿，两面均密被灰色星状柔毛；叶柄被灰色短柔毛和疏丝状长毛。花单生于叶腋，近顶端具节，被灰色星状柔毛；花萼盘状，绿色；花黄色，花瓣5；雄蕊柱被星状硬毛；果为倒圆形似磨盘，黑色，先端截形，具短芒，被星状长硬毛。种子肾形，被星状疏柔毛；花期7～10月。

分布 产于台湾、福建、广东、广西、贵州和云南等地。

生境 生于红树林林缘旷野、荒地中。

用途 全草供药用，有散风、清血热、开窍、活血之功效。

甜　麻

假黄麻、针筒草

Corchorus aestuans

锦葵科

黄麻属

识别要点　一年生草本。叶卵形，先端尖，基部圆，两面疏被长毛，边缘有锯齿。花单生或数朵组成聚伞花序，生于叶腋，花序梗及花梗均极短；萼片5，窄长圆形；上部凹陷呈角状，先端有角，外面紫红色；花瓣5，与萼片等长，倒卵形，黄色；雄蕊多数，黄色；子房长圆柱形，花柱圆棒状，柱头喙状，5裂。蒴果长筒形，具纵棱6条，3～4条呈翅状，顶端有3～4长角，角2分叉，成熟时3～4月裂，果爿有横隔。具多数种子。

分布　产于长江以南各地。

生境　生长于红树林林缘荒地、旷野、村旁。

用途　纤维可作为黄麻代用品，用作编织及造纸原料；嫩叶可供食用；入药可作清凉解热剂。

赛 葵
黄花棉、黄花草
Malvastrum coromandelianum

锦葵科
赛葵属

识别要点 亚灌木状草本。被单毛和星状粗毛。叶卵状披针形或卵形；基部宽楔形至圆形，边缘具粗锯齿；叶柄密被长毛；托叶披针形。花黄色，倒卵，单生于叶腋，花梗被长毛，花萼浅杯状，裂片卵形，渐尖头，基部合生，疏被单长毛和星状长毛。果肾形，疏被星状柔毛。花果期几乎全年。

分布 生于台湾、福建、广东、广西和云南等地。

生境 生于红树林林缘旷野、荒地、台地和养殖塘塘堤上。

用途 全草入药，配十大功劳可治疗肝炎病。

马松子

野路葵

Melochia corchorifolia

锦葵科

马松子属

识别要点　半灌木状草本。枝黄褐色，略被星状短柔毛。叶薄纸质，矩圆状卵形或披针形，顶端急尖或钝，基部圆形或心形，托叶条形。花排成顶生或腋生的密聚伞花序或团伞花序，小苞片条形，混生在花序内，花萼钟状，外面被长柔毛和刚毛，内面无毛，裂片三角形；花瓣，花为白色，后变为淡红色，矩圆形。蒴果圆球形。种子卵圆形，略成三角状，褐黑色。花期夏秋。

分布　广泛分布在长江以南各省、台湾和四川内江等地。

生境　生于红树林林缘旷野、荒地中。

用途　茎皮富含纤维，可与黄麻混纺以制麻袋。

破布叶

布渣叶

Microcos paniculata

锦葵科

破布叶属

识别要点 灌木或小乔木。树皮粗糙。幼枝被毛。叶薄革质，卵状长圆形，先端渐尖，基部初两面被星状柔毛，后脱落无毛，3 出脉的两侧脉由基部生出，向上过中部，边缘有细锯齿。顶生圆锥花序，被星状柔毛；苞片披针形；花梗短；萼片长圆形，被毛；花瓣长圆形；雄蕊多数，短于萼片；子房球形，无毛，柱头锥形。核果近球形或倒卵圆形；果柄短。花期 6～7 月。

分布 产于广东、广西、云南等地。

生境 生于红树林林缘，常与半红树植物混生。

用途 为治疗肝炎、泌尿系统感染等症的常用中草药。

假苹婆

赛苹婆、鸡冠木、山羊角

Sterculia lanceolata

锦葵科

苹婆属

识别要点　乔木。幼枝被毛。叶先端骤尖，基部钝或近圆。圆锥花序腋生，密集多分枝；花淡红色；萼片 5，基部连合，外展如星状，长圆状披针形或长圆形，先端钝或略有小短尖突；雌花子房球形，被毛，花柱弯曲，柱头不明显 5 裂。蓇葖果鲜红色，顶端有喙，基部渐窄，密被柔毛。花期 4～6 月。

分布　产于广东、广西、云南、贵州和四川等地。

生境　在华南山野间很常见，喜山谷溪旁。

用途　作为城市园林风景树和绿荫树加以利用；茎皮纤维可作为麻袋的原料。

刺蒴麻

细种苍耳子、细叶痴头猛

Triumfetta rhomboidea

锦葵科

刺蒴麻属

识别要点 亚灌木。多分枝。叶纸质，茎下部叶宽卵圆形，先端 3 裂，基部圆；茎上部叶长圆形，下面被柔毛，边缘有不规则粗锯齿。聚伞花序数枝腋生；萼片窄长圆形，先端有角；花瓣短于萼片，黄色；子房有刺毛。蒴果球形，不裂，具钩刺。有 2～6 种子。花期夏秋。

分布 产于云南、广西、广东、福建、台湾等地。

生境 生长于灌丛或荒地中。

用途 全株供药用，辛温，具消风散毒，治毒疮及肾结石等功效。

地桃花
肖梵天花
Urena lobata

锦葵科

梵天花属

识别要点　直立亚灌木。茎下部的叶近圆形，先端浅3裂，基部圆形或近心形，边缘具锯齿，中部叶卵形，上部叶长圆形至披针形；小枝被星状绒毛。花单生或近簇生叶腋；花萼杯状，5裂，较小苞片略短，被星状柔毛；花冠淡红色，花瓣5，倒卵形，被星状柔毛；花柱分枝10，疏被长硬毛。分果扁球形，分果爿被星状柔毛和锚状刺。种子肾形，无毛。

分布　产于长江以南各地。

生境　生于干热的空旷地、草坡或疏林下。

用途　根作药用，祛风利湿，活血消肿，清热解毒。

热带铁苋菜

Acalypha indica

大戟科

铁苋菜属

识别要点　一年生直立草本。嫩枝具紧贴的柔毛。叶膜质，顶端急尖，基部楔形，上半部边缘具锯齿，两面沿叶脉具短柔毛；基出脉5条；叶柄细长，具柔毛。雌雄花同序，雌花苞片3～7枚，圆心形，上部边缘具浅钝齿，缘毛稀疏，掌状脉明显；雄花生于花序的上部，排列呈短穗状；花蕾时近球形，花萼裂片4枚，长卵形；雄蕊8。蒴果具3个分果片，具短柔毛。种子卵状，种皮具细小颗粒体，假种阜细小。花果期3～10月。

分布　产于海南、台湾。

生境　生于低海拔平原区湿润荒地或水沟旁。

海南留萼木
Blachia siamensis

大戟科

留萼木属

识别要点　灌木。叶纸质，倒卵状椭圆形，顶端圆形，稀微凹，基部阔楔形，少有近圆形，全缘，边缘明显背卷，两面无毛，干后下面灰棕色。雄花序未见；雌花 1～4 朵生于小枝顶端或近顶端叶腋；萼片 5 枚，卵状三角形，被疏柔毛；子房被疏长柔毛，后无毛，花柱 3 枚，上部 2 深裂，线形。蒴果近球形，无毛。种子椭圆形，暗棕色，有灰棕色斑纹。花期 6～7 月，果期 8～9 月。

分布　产于海南地区。

生境　生于沿海次生林或红树林林缘台地中。

用途　可作盆栽的优良树种。

猩猩草
草一品红、叶上花
Euphorbia cyathophora

大戟科
大戟属

识别要点　一年生或多年生草本。茎上部多分枝。叶互生，卵形、椭圆形或卵状椭圆形，先端尖或圆，边缘波状分裂或具波状齿或全缘，无毛；托叶腺体状；苞叶与茎生叶同形，淡红色或基部红色。花序数枚聚伞状排列于分枝顶端，总苞钟状，绿色，边缘5裂，裂片三角形，扁杯状，近两唇形，黄色；雄花多枚，常伸出总苞；雌花1，子房柄伸出总苞。蒴果三棱状球形。花果期5～11月。

分布　原产于中南美洲，归化于旧大陆。广泛栽培于我国大部分地区。

生境　生于红树林林缘旷野、荒地中。

用途　用于感冒、头痛、咳嗽、支气管炎等。具有化痰止咳、理气止痛等功效。

飞扬草
飞相草、乳籽草
Euphorbia hirta

大戟科
大戟属

识别要点　一年生草本。叶对生，中上部有细齿，中下部较少或全缘，下面有时具紫斑，两面被柔毛；叶柄极短。花序多数，于叶腋处密集成头状，无梗或具极短梗，被柔毛；总苞钟状，被柔毛，裂片三角状卵形，近杯状，边缘具白色倒三角形附属物；雄花数枚；雌花1，具短梗，伸出总苞。蒴果三棱状，被短柔毛。花果期6～12月。

分布　产于江西、湖南、福建、台湾、广东、广西、海南、贵州和云南等地。

生境　生于旷野、草丛、灌丛，多见于砂质土。

用途　可入药，清热解毒，利湿止痒，通乳。

白背叶

野桐

Mallotus apelta

大戟科

野桐属

识别要点　小乔木或灌木状。叶互生，卵形或宽卵形，先端骤尖或渐尖，基部平截或稍心形，疏生齿，下面被灰白色星状绒毛，散生橙黄色腺体。穗状花序或雄花序有时为圆锥状；雄花苞片卵形；花萼裂片4，卵形或三角形；雌花苞片近三角形；花梗极短。蒴果近球形，密生长0.5～1厘米的线形软刺，密被灰白色星状毛。

分布　江西、湖南、云南、福建、广东、广西、海南等地。

生境　生于红树林林缘，常与半红树植物混生。

用途　抗菌、抗病毒、抗肿瘤、抗氧化、抗胃溃疡、保肝、止血等。现代应用：现代临床用于慢性肝炎、胃痛呕吐、外伤出血、皮肤瘙痒、溃疡。

地杨桃

Microstachys chamaelea

大戟科

地杨桃属

识别要点　多年生草本。茎多分枝，具锐纵棱。叶互生，厚纸质，叶片线形或线状披针形，顶端钝，基部略狭，边缘有贴生、钻状的密细齿，基部两侧边缘上常有中央凹陷的小腺体，背面被柔毛；中脉两面均凸起。花单性，雌雄同株，聚集成侧生或顶生穗状花序；子房三棱状球形，3室，无毛，有皮刺。蒴果三棱状球形，分果爿背部具2纵列的小皮刺，脱落后而中轴宿存。种子近圆柱形，光滑。花期几乎全年。

分布　产于广东、海南和广西等地。

生境　生于旷野草地、河边或沙滩上。

蓖 麻

Ricinus communis

大戟科
蓖麻属

识别要点　灌木。小枝、叶和花序通常被白霜，茎多液汁。叶轮廓近圆形，掌状 7～11 裂，裂缺几达中部，边缘具锯齿；叶柄粗壮，中空，顶端具 2 枚盘状腺体。总状花序或圆锥花序；雄花花萼裂片卵状三角形，雄蕊束众多。雌花萼片卵状披针形，花柱红色，密生乳头状突起。蒴果卵球形或近球形，果皮具软刺或平滑。种子椭圆形，微扁平，平滑，斑纹淡褐色或灰白色；种阜大。花期几乎全年。

分布　我国除西部、西北部高寒或沙漠地区外，大部地区均有栽培。

生境　生于红树林林缘旷野、荒地中。

用途　种仁富含油脂，可榨取蓖麻油，供工业用，药用作缓泻剂。叶、根可入药，具有消肿拔毒，止痒、祛风活血、止痛镇静的功效。种子有毒，不可食用。

艾　菫

红果草

Sauropus bacciformis

大戟科

守宫木属

识别要点　一年生或多年生草本。全株无毛。枝条具锐棱或窄的膜质翅。叶椭圆形、倒卵形、近圆形或披针形，侧脉不明显。花数朵簇生于叶腋；萼片宽卵形或倒卵形，内面有腺槽，上部具不规则圆齿；花盘腺体 6，肉质。花果期 4～12 月。

分布　产于台湾、海南、广东和广西等地。

生境　生于岩质海岸石缝中或红树林中的小高地或沙滩上。

乌 柏

木子树、柏子树、腊子树

Triadica sebifera

大戟科

乌桕属

识别要点　乔木。树皮暗灰色，有纵裂纹。枝广展，具皮孔。叶互生，纸质，叶片菱形、菱状卵形，顶端骤然紧缩具长短不等的尖头，基部阔楔形或钝，全缘；中脉两面微凸起，侧脉6～10对，纤细，斜上升；叶柄纤细，顶端具2腺体；托叶顶端钝。花单性，雌雄同株，聚集成顶生，总状花序。蒴果梨状球形，成熟时黑色。具3枚种子，分果爿脱落后而中轴宿存；种子扁球形，黑色，外被白色、蜡质的假种皮。

分布　在我国主要分布于黄河以南各地，北达陕西、甘肃地区。

生境　生于红树林林缘，常与半红树植物混生。

用途　叶为黑色染料，可染衣物。根皮治毒蛇咬伤；种子油适于涂料，可涂油纸、油伞等。

黑面神

Breynia fruticosa

叶下珠科

黑面神属

识别要点　灌木。小枝上部扁。叶革质，卵形、宽卵形或菱状卵形，下面粉绿色，干后黑色，具小斑点，侧脉3～5对；托叶三角状披针形。花单生或2～4朵簇生叶腋，雌花位于小枝上部，雄花位于下部，有时生于不同小枝；花萼陀螺状，6齿裂。蒴果球形，花萼宿存。花期4～9月，果期5～12月。

分布　浙江、福建、广东、海南、广西、四川、贵州、云南等地。

生境　散生于半红树林中或红树林灌木丛中或林缘。

用途　根、叶供药用，可治肠胃炎、咽喉肿痛、风湿骨痛、湿疹、高血脂病等；全株煲水外洗可治疮疖、皮炎等。

土蜜树

猪牙木、夹骨木、逼迫仔

Bridelia tomentosa

叶下珠科

土蜜树属

识别要点 灌木或小乔木。除幼枝、叶下面、叶柄、托叶和雌花萼片外面被柔毛外，其余均无毛。叶纸质，长圆形、长椭圆形或倒卵状长圆形，侧脉 9～12 对；托叶线状披针形。花簇生于叶腋；雄花花梗极短；萼片三角形；花瓣倒卵形，顶端 3～5 齿裂；花丝下部与退化雌蕊贴生；花盘浅杯状；雌花几无花梗，萼片三角形；花瓣倒卵形或匙形。核果近球形，2 室。种子褐红色；花果期几全年。

分布 产于福建、台湾、广东、海南、广西和云南地区。

生境 生于红树林林缘，常与半红树植物混生。

用途 根叶可入药。叶治外伤出血、跌打损伤；根治感冒、神经衰弱、月经不调等。

白饭树

Flueggea virosa

叶下珠科

白饭树属

识别要点 灌木。叶纸质，椭圆形，长圆形或近圆形，先端有小尖头，基部楔形，全缘，下面白绿色。花多朵簇生叶腋；苞片鳞片状；萼片5；花盘腺体5；雌花3～10朵簇生；萼片与雄花同；花盘环状，顶端全缘。蒴果浆果状，近球形，熟时淡白色，不裂。种子栗褐色，具光泽。花期3～8月，果期7～12月。

分布 华东、华南及西南各地。

生境 生于红树林林缘，常与半红树植物混生。

用途 全株供药用，可治风湿关节炎、湿疹、脓泡疮等。

珠子草

Phyllanthus niruri

叶下珠科

叶下珠属

识别要点　一年生草本。叶纸质，长椭圆形，先端钝、圆或近平截，基部偏斜，侧脉4～7对；叶柄极短，托叶披针形，膜质透明。花雌雄同株；萼片5，倒卵形或宽卵形，先端钝或圆，边缘膜质；花盘腺体5，倒卵形；雄蕊3，花丝中下部合生成柱；花盘盘状。蒴果扁球形，褐红色，平滑。花果期1～10月。

分布　原产地为热带美洲；我国产于台湾、广东、海南、广西、云南等地。

生境　生于红树林林缘旷野、荒地中。

用途　全株供药用，可止咳祛痰。

山黄麻

Trematomentosa

大麻科
山黄麻属

识别要点　小乔木。树皮灰褐色，平滑或细龟裂。叶纸质或薄革质，宽卵形或卵状矩圆形，稀宽披针形，稀锐尖，基部心形，明显偏斜，边缘有细锯齿。雄花几乎无梗，卵状矩圆形，雌花具短梗三角状卵形。核果宽卵珠状。种子阔卵珠状。花期3～6月，果期9～11月

分布　产于福建、台湾、广东、海南、广西、四川、云南和西藏等地。

生境　生于红树林林缘，常与半红树植物混生。

用途　韧皮纤维可作麻绳和造纸原料；木材供建筑、器具及薪炭用；叶表皮粗糙，可作砂纸用。

相思子

Abrus precatorius

豆科

相思子属

识别要点　藤本。茎纤细，分枝多，全株疏被白色糙伏毛。羽状复叶具 16～26 小叶；小叶膜质，对生，长圆形，先端平截具小尖头，基部钝圆；小叶柄甚短。总状花序腋生，花序轴甚短；花小，密集成头状，着生于花序轴的各个节上；花冠紫色；雄蕊 9；子房被毛。荚果长圆形，果瓣革质，密被白色短伏毛，具 2～6 种子。种子椭圆形，平滑有光泽，上部 2/3 红色，下部 1/3 黑色。花期 3～6 月，果期 9～10 月。

分布　产于台湾、广东、广西、云南地区。

生境　山地疏林中。

用途　种子质坚，色泽华美，可做装饰品，但有剧毒，外用治皮肤病；根、藤入药，可清热解毒和利尿。

台湾相思
相思仔、相思树
Acacia confusa

豆科
相思树属

识别要点　常绿乔木。枝灰色或褐色，无刺，小枝纤细。苗期第一片真叶为羽状复叶，长大后小叶退化，叶柄变为叶状柄，叶状柄革质。头状花序球形，单生或 2～3 个簇生于叶腋。荚果扁平，于种子间微缢缩，顶端钝而有凸头，基部楔形。种子 2～8 颗，椭圆形，压扁。花期 3～10 月，果期 8～12 月。

分布　产于台湾、福建、广东、广西、云南等地。

生境　生于红树林林缘，常与半红树植物混生。

用途　沿海防护林的重要树种。材质坚硬，可为车轮，桨橹及农具等用；花含芳香油，可作调香原料。

链荚豆

水咸草、小豆、假花生

Alysicarpus vaginalis

豆科
链荚豆属

识别要点 多年生草本。叶仅有单小叶；托叶线状披针形，干膜质，具条纹；小叶形状及大小变化很大，茎上部小叶全缘。总状花序腋生或顶生，有花6～12朵；苞片膜质，卵状披针形；花萼膜质，比第一个荚节稍长，5裂，裂片较萼筒长；花冠紫蓝色，略伸出于萼外，旗瓣宽，倒卵形；荚果扁圆柱形，被短柔毛，荚节4～7，荚节间不收缩，但分界处有略隆起线环。花期9月，果期9～11月。

分布 产于福建、广东、海南、广西、云南及台湾等地。

生境 多生于空旷台地和养殖塘塘堤上、海边沙地。

用途 全草入药，治刀伤、骨折。

刺果苏木

Caesalpinia bonduc

豆科
云实属

识别要点　有刺藤本。各部均被黄色柔毛；刺直或弯曲；二回羽状复叶，叶轴有钩刺。总状花序腋生，具长梗，苞片锥状，被毛，开花时渐脱落；花萼裂片 5，内外均被锈色毛；花瓣黄色，最上面 1 片有红色斑点，倒披针形，有瓣柄；花丝短，基部被绵毛。荚果革质，长圆形，顶端有喙，膨胀，具细长针刺。种子 2～3 颗，近球形，铅灰色，有光泽。花期 8～10 月；果期 10 月至翌年 3 月。

分布　产于广东、广西、海南和台湾等地。

生境　生长于红树林林缘、荒地上。

用途　药用，具有祛瘀止痛，清热解毒功效。

海刀豆

Canavalia rosea

豆科

刀豆属

识别要点　藤本。羽状复叶，小叶倒卵形、卵形、椭圆形或近圆形；侧生小叶基部常偏斜，两面均被长柔毛。总状花序腋生，花朵聚生，花钟状，顶部二唇形，花紫红色；旗瓣圆形，翼狐镶刀状长椭圆形，龙骨瓣钝；荚果线状长圆形，顶端具啄尖，离背缝线两侧有纵棱。种子椭圆形，种皮褐色。花期6～7月，果期8～12月。

分布　产于我国东南部至南部地区。

生境　蔓生于海边沙滩上，喜生于海边砂质土壤上，半红树林或荒地中。

用途　可用于绿化，是优良的防风固沙植物，也是优良滨海地区园林绿化植物。

猪屎豆

黄野百合

Crotalaria pallida

豆科

猪屎豆属

识别要点　多年生草本或呈灌木状。茎枝圆柱形，具小沟纹，密被紧贴的短柔毛；托叶极细小，刚毛状；叶三出，小叶长圆形或椭圆形，两面叶脉清晰。总状花序顶生；花萼近钟形，5裂，萼齿三角形，约与萼筒等长，密被短柔毛；萼筒中部或基部；花冠黄色，伸出萼外，旗瓣圆形或椭圆形，下部边缘具柔毛；子房无柄。荚果长圆形，果瓣开裂后扭转，具20～30枚种子。

分布　原产地为热带美洲；我国福建、台湾、广东、广西、四川、云南、山东、浙江、海南地区均有栽培。

生境　逸生于红树林林缘旷野、荒地中。

用途　可供药用，全草有散结、清湿热等作用。在抗肿瘤等方面有一定疗效。

弯枝黄檀

扭黄檀、曲枝黄檀

Dalbergia candenatensis

豆科

黄檀属

识别要点　藤本。枝无毛，先端扭转呈螺旋钩状。羽状复叶，小叶倒卵状长圆形，先端圆或钝，基部楔形。圆锥花序腋生；花序梗极短，分枝被微柔毛；花萼宽钟状；花冠白色，花瓣具长瓣柄，基部截形，龙骨瓣长圆形，雄蕊9或10枚，单体。荚果半月形，背缝线弯状；具1或2枚种子，果瓣具不明显网纹，对种子部分不凸起。种子肾形；种子肾形。

分布　产于广东、广西和海南等地。

生境　生于红树林林缘，常与半红树植物混生，攀缘于林中树上。

鱼　藤

三叶鱼藤

Derris trifoliata

豆科

鱼藤属

识别要点　攀缘灌木。茎粗壮，枝叶均无毛；羽状复叶，厚纸质，卵形或卵状长圆形，先端渐尖，钝头，基部圆或呈心形。总状花序腋生，有时下部有分枝，呈圆锥花序状；苞片小，三角形，花聚生；花萼钟形，花冠白或粉红色，花瓣近等长，旗瓣近圆形，基部无胼胝体；雄蕊单体；子房被微细毛，无柄，胚珠2～4。荚果圆形或斜卵形，扁平，无毛，仅于腹缝有1.5毫米的翅，具1～2枚种子。

分布　原产地为热带美洲；我国产于海南、福建、台湾、广东、广西地区。

生境　混生于红树林中，或生长于河道两侧、海岸滩涂中。

用途　观赏：可栽种于花架旁、水池边，温带地区要盆栽观赏。农用：根部含有的鱼藤酮，有毒鱼、杀虫的功效；药用：鱼藤味辛，性温。其枝、叶可外用治湿疹、风湿关节肿。

刺　桐

Erythrina variegata

豆科
刺桐属

识别要点　乔木。树皮灰褐色。分枝有圆锥形黑色皮刺。叶柄无毛，无刺；羽状复叶具3小叶，常密集枝端。总状花序顶生，成对着生；花梗被茸毛，花冠红色。果实为圆柱形，微弯曲。花期3月；果期8月。

分布　原产印度至大洋洲海岸林中。我国台湾、福建、海南、广东、广西等地有栽培。

生境　偶见于红树林林缘。

用途　花美，可栽作观赏树木。树皮、根皮入药，祛风湿，舒筋通络。也是优良的海岸防护林树种。

银合欢

白合欢

Leucaena leucocephala

豆科

银合欢属

识别要点　灌木或小乔木。幼枝被短柔毛，老枝无毛，具褐色皮孔，无刺；幼枝被短柔毛，老枝无毛，具褐色皮孔，无刺。托叶三角形；头状花序常 1～2 腋生；苞片紧贴，被毛，早落；花白色。花萼顶端具 5 细齿，外面被柔毛；雄蕊 10，常被疏柔毛。荚果带状，顶端凸尖，基部有柄，被微柔毛，纵裂。种子 6～25 枚，卵圆形，揭色，扁平，光亮。花期 4～7 月，果期 8～10 月。

分布　原产热带美洲。现广布于我国热带地区。

生境　生于红树林林缘，常与半红树植物混生，或岩质海岸石缝中，或红树林中的小高地或沙滩上。

大翼豆
Macroptilium lathyroides

豆科
大翼豆属

识别要点 多年生直立草本。根茎深入土层。茎被短柔毛或茸毛。羽状复叶具 3 小叶；托叶卵形，被长柔毛，脉显露；小叶卵形至菱形，有时具裂片。花萼钟状，被白色长柔毛，具 5 齿；花冠紫红色，具长瓣柄。荚果线形，顶端具喙尖。具种子 12～15 枚；种子长圆状椭圆形，具棕色及黑色斑，具凹痕。

分布 原产于热带美洲。已在我国广东、海南等沿海地区归化。

生境 生于红树林林缘台地和养殖塘塘堤上。

用途 具有抗肿瘤等药用功效；其叶含丰富的蛋白质，是优良的牛羊牧草。

巴西含羞草

Mimosa diplotricha

豆科

含羞草属

识别要点 直立、亚灌木状草本。茎攀缘或平卧，五棱柱状，沿棱上密生钩刺，其余被疏长毛，老时毛脱落。二回羽状复叶。头状花序；花紫红色，花萼极小；花冠钟状，外面稍被毛；雄蕊8枚，花丝长为花冠的数倍；子房圆柱状，花柱细长。荚果长圆形，边缘及荚节有刺毛。花果期3～9月。

分布 原产巴西。我国广东、海南、云南、台湾等地有分布。

生境 逸生于红树林林缘旷野、荒地中。

含羞草

怕丑草、知羞草

Mimosa pudica

豆科

含羞草属

识别要点　亚灌木状草本。茎圆柱状，具分枝，有散生、下垂的钩刺及倒生刺毛；羽片和小叶触之即闭合而下垂；羽片通常 2 对；小叶 10～20 对，线状长圆形，先端急尖，边缘具刚毛。头状花序圆球形，具长花序梗，单生或 2～3 个生于叶腋；花小，淡红色，多数；花冠钟状，裂片 4，外面被短柔毛；雄蕊 4，伸出花冠；子房有短柄，花柱丝状，柱头小。荚果长圆形，扁平，稍弯曲，荚缘波状，被刺毛，成熟时荚节脱落。种子卵圆形。花期 3～10月，果期 5～11 月。

分布　产于台湾、福建、广东、海南、广西、云南等地；原产地为美洲。

生境　生于红树林林缘旷野、荒地中。

用途　全草供药用，有宁心安神，清热解毒的功效。

田 菁

向天蜈蚣

Sesbania cannabina

豆科

田菁属

识别要点　一年生亚灌木状草本。茎绿色，有时带褐红色，微被白粉。偶数羽状复叶有小叶 20～30(40) 对，小叶线状长圆形，先端钝或平截，基部圆，两侧不对称，两面被紫褐色小腺点，幼时下面疏生绢毛；小托叶钻形，宿存；小枝疏生白色绢毛。荚果细长圆柱形，具喙。具 20～35 枚种子，种子间具横隔；种子有光泽，黑褐色，短圆柱形。花果期 7～12 月。

分布　产于中国海南、江苏、浙江、江西、福建、广西、云南等地。

生境　生长于红树林周边半咸水的水沟等潮湿低地中。

用途　茎、叶可作绿肥及牲畜饲料。

酸　豆

罗望子、酸角、酸梅

Tamarindus indica

豆科

酸豆属

识别要点　乔木。檐部4裂，裂片覆瓦状排列，花后反折。花瓣仅后方3片发育，黄色或有紫红色条纹，倒卵形，边缘波状；能育雄蕊3枚，中部以下合生成上弯的管或鞘，近革部被柔毛，花药背着，椭圆形；退化雄蕊刺毛状，着生于雄蕊管顶部；总状花序顶生。荚果圆柱状长圆形，肿胀，棕褐色，不开裂，外果皮薄，脆壳质，中果皮厚，肉质，内果皮膜质。种子间有隔膜；种子3～14枚，斜长方形或斜卵圆形，压扁，褐色，有光泽，子叶厚，肉质，胚基生，直立。

分布　产于我国台湾、福建、广东、广西、云南等地。

生境　生于红树林林缘，常与半红树植物混生。

用途　可用于园林绿化，果实可食用。

矮灰毛豆

Tephrosia pumila

豆科

灰毛豆属

识别要点　一年生或多年生草本。茎细硬，具棱，密被伸展硬毛；羽状复叶，托叶线状三角形或钻形，楔状长圆形呈倒披针形，先端截平或钝，短尖头，基部楔形，上面被平伏柔毛，下面被伸展毛，侧脉 6～7 对，不明显。总状花序短，顶生或与叶对生；花萼线浅皿状，密被长硬毛，萼齿三角形，尾状渐尖；花冠白色至黄色，外被柔毛；种子长圆状菱形，具斑纹，种脐位于中央。花期全年。

分布　产于广东、海南等地。

生境　生于红树林内或林缘向阳处。

灰毛豆

假蓝靛、灰叶

Tephrosia purpurea

豆科

灰毛豆属

识别要点　灌木状草本。幼枝有白色稀疏短柔毛。羽状复叶；小叶椭圆状倒披针形，下面有白色平伏短柔毛，侧脉多而密；叶轴有短柔毛；小叶柄极短；托叶锥形。总状花序顶生或与叶对生；花序轴、花萼及旗瓣的外面均有白色细柔毛；花冠紫色或淡紫色。荚果扁，条状矩形，疏生短柔毛。种子肾形。花果期 3 ～ 10 月。

分布　产于福建、台湾、广东、广西、云南等地。

生境　生于红树林林缘的旷野、荒地中。

用途　良好的固沙及堤岸保土植物。

南天藤
华南云实

Ticanto crista

豆科

云实属

识别要点 木质藤本。树皮黑色，有少数倒钩刺。二回羽状复叶，叶轴上有黑色倒钩刺；小叶 4～6 对，对生，具短柄，革质，先端圆钝，上面有光泽。总状花序，复排列成顶生、疏松的大型圆锥花序；花芳香；萼片 5，披针形，无毛；花瓣 5，其中 4 片黄色，卵形，无毛，瓣柄短，稍明显，上面一片具红色斑纹；雄蕊略伸出，花丝基部膨大，被毛。荚果斜阔卵形，革质，具网脉，先端有喙。种子 1 枚，扁平；花期 4～7 月，果期 7～12 月。

分布 产于云南、贵州、四川、湖北、湖南、广西、广东、福建和台湾等地。

生境 生于红树林林缘，常与半红树植物混生。

用途 可栽植为绿篱荫棚，以供观赏。

美花狸尾豆
叠果豆、美花兔尾草
Uraria picta

豆科

狸尾豆属

识别要点 亚灌木或灌木。茎直立，被灰色短糙毛；叶具小叶 5～7，少为 9；小叶硬纸质，先端窄而尖，基部圆，上面中脉及基部边缘被短柔毛，下面脉上毛较密，网脉细密。总状花序顶生，具密集的花；花冠蓝紫色，旗瓣圆形，翼瓣耳形，龙骨瓣约与翼瓣等长，上部弯曲；子房无毛，胚珠 3～5。荚果铅色，有光泽，无毛，有 3～5 荚节。花、果期 4～10 月。

分布 产于广西、四川、贵州、云南及台湾（南部）等地。

生境 生于红树林林缘，常与半红树植物混生。

用途 根供药用，有平肝、宁心、健脾之功效。

滨豇豆

Vigna marina

豆科

豇豆属

识别要点　多年生匍匐或攀缘草本。长可达数米；茎幼时被毛，老时无毛或被疏毛。羽状复叶具3小叶；托叶基着，卵形；小叶近革质，卵圆形或倒卵形，先端浑圆，基部宽楔形或近圆形，两面被极稀疏的短刚毛至近无毛。总状花序被短柔毛；花冠黄色，旗瓣倒卵形。荚果线状长圆形，微弯，肿胀，嫩时被稀疏微柔毛，老时无毛。种子间稍收缩；种子2～6枚，长圆形，黄褐色或红褐色，种脐长圆形，一端稍窄，种脐周围种皮稍隆起。

分布　原产于美洲大陆；产于我国台湾和海南（西沙群岛）等地。

生境　生于海边沙地。

木麻黄

木麻黄属、马尾松

Casuarina equisetifolia

木麻黄科

木麻黄属

识别要点　常绿乔木。树皮暗褐色，不规则纵裂，狭长形条片状脱落；小枝细长，为灰绿色。鳞片状叶每轮通常 7 枚，少为 6 或 8 枚，披针形或三角形，紧贴。花雌雄同株或异株，雄花序几无总花梗，棒状圆柱形，雄蕊黄褐色，雌花序通常顶生于近枝顶的侧生短枝上，雌蕊紫红色。小坚果连翅。花期 4～5 月，果期 7～10 月。

分布　原产于澳大利亚和太平洋岛屿。于我国广西、广东、福建、台湾沿海等地区广泛栽植。

生境　适生于海岸的疏松沙地。

用途　海岸防风固沙的优良先锋树种；可作枕木、船底板及建筑用材。或作为优良薪炭材；枝叶可药用。

对叶榕

牛奶子

Ficus hispida

桑科

榕属

识别要点 小乔木或灌木。叶常对生，厚纸质，先端尖或短尖，基部圆或近楔形，两面被粗毛，具锯齿。雄花生于榕果内壁口部，多数，花被片3，薄膜状，雄蕊1；瘿花无花被，花柱近顶生，粗短；雌花无花被，柱头侧生，被毛。榕果腋生或生于落叶枝上，或老茎发出的下垂枝上，陀螺形，熟时黄色，散生苞片及粗毛。花果期6～7月。

分布 产于广东、海南、广西、云南、贵州等地。

生境 与半红树植物混生于旷野、荒地中。

鹊肾树

鸡子

Streblus asper

桑科

鹊肾树属

识别要点 乔木或灌木。树皮深灰色，粗糙；小枝被短硬毛，幼时皮孔明显。叶革质椭圆状倒卵形或椭圆形，叶柄短或近无柄。花雌雄异株或同株，雄花序头状，苞片长椭圆形，花丝在花芽时内折，退化雌蕊圆锥状至柱形，下部有小苞片，子房球形，花柱在中部以上分枝。核果近球形，成熟时黄色，基部一侧不为肉质，宿存花被片包围核果。花期2～4月。果期5～6月。

分布 产于广东、海南、广西、云南等地。

生境 生于红树林林缘，常与半红树植物混生。

用途 皮和根可入药，具有强心、抗癌、抗菌、抗过敏和抗疟疾等多种药理活性；植株可用作公园及庭院绿化；木材可作房梁、家具、农具；茎皮纤维可织麻袋，还可作人造棉和造纸原料。

变叶裸实

刺裸实、光叶美登木

Gymnosporia diversifolia

卫矛科

裸实属

识别要点　小灌木。一、二年生枝刺状，灰棕色，常密被点状锈褐色短刚毛。叶纸质，先端圆钝或内凹成浅心形，基部楔形，边缘圆波齿明显。聚伞花序腋生，花白色。蒴果扁倒锥状，2裂。每室2种子；种子长方椭圆状，下有短种柄，假种皮细小，包围基部，有明显裂片；种子椭圆形，黑褐色，基部具白色假种皮。花期7～11月，果期9～12月。

分布　产于台湾、海南等地。

生境　生于红树林林缘旷野、荒地中。

用途　可做观赏或绿篱。

山柑藤

Cansjera rheedei

山柚子科

山柑藤属

识别要点　攀缘灌木。叶互生，具短叶柄。花两性，排成稠密的腋生穗状花序；单花被，花被具柔毛，上部4～5裂，裂片镊合状排列；雄蕊4～5枚，与花被裂片对生，花丝无毛，分离或基部与腺体结合，花药长圆形，药室纵裂；子房上位，1室，花柱圆柱状，柱头头状，具4浅裂。核果椭圆状，中果皮肉质，内果皮薄。种子1颗。花期10月至翌年1月，果期1～4月。

分布　产于云南、广西、广东和海南等地。

生境　多见于低海拔山地疏林或灌木林中。

蛇 藤

Colubrina asiatica

鼠李科
蛇藤属

识别要点 藤状灌木。幼枝无毛。叶互生，近膜质或薄纸质，卵形或宽卵形，顶端渐尖，微凹，基部圆形或近心形，边缘具粗圆齿。花黄色，五基数，腋生聚伞花序，无毛或被疏柔毛；花萼 5 裂，萼片卵状三角形；花瓣倒卵圆形，具爪，与雄蕊等长；花盘厚，近圆形。蒴果状核果，圆球形，基部为愈合的萼筒所包围，成熟时室背开裂，内有 3 个分核，每核具 1 种子。种子灰褐色。花期 6～9 月，果期 9～12 月。

分布 产于广东、广西、海南、台湾等地。

生境 生于沿海沙地上的林中或灌丛中。

厚叶崖爬藤

Tetrastigma pachyphyllum

葡萄科

崖爬藤属

识别要点 木质藤本。茎扁平，多瘤状突起；卷须不分枝；叶为鸟足状 5 小叶复叶或 3 小叶复叶，先端骤尖，基部楔形或宽楔形，每侧边缘有 4～5 个疏锯齿，两面无毛。复二歧聚伞花序腋生；花萼碟形；花瓣卵状椭圆形，先端有短钝小角，外面被乳突状毛。子房长圆锥形，花柱不明显，柱头 4 裂。果球形。有种子 1～2 枚；种子椭圆形；花期 4～7 月，果期 5～10 月。

分布 产于广东、海南等地。

生境 与半红树植物混生于林中。

酒饼簕
铜将军、雷公簕
Atalantia buxifolia

芸香科

酒饼簕属

识别要点　灌木。茎多刺。单叶，硬革质，有柑橘香气，先端圆，有凹缺，中脉在叶面稍凸起，叶缘有弧形边脉，油点甚多；叶柄粗。花多朵簇生叶腋，稀单生；萼裂片及花瓣均5片；花瓣白色，雄蕊10，有时少数在基部合生。果球形，稍扁圆形或近椭圆形，果皮平滑，有稍凸起油点，熟时为蓝黑色。

分布　产于海南、台湾、福建、广东及广西等地。

生境　常见于离海岸不远的平地、红树林林缘台地和养殖塘塘堤上。

用途　根、叶可入药；与其他草药配用治支气管炎、风寒咳嗽、感冒发热、风湿关节炎、慢性胃炎、胃溃疡及跌打肿痛等。

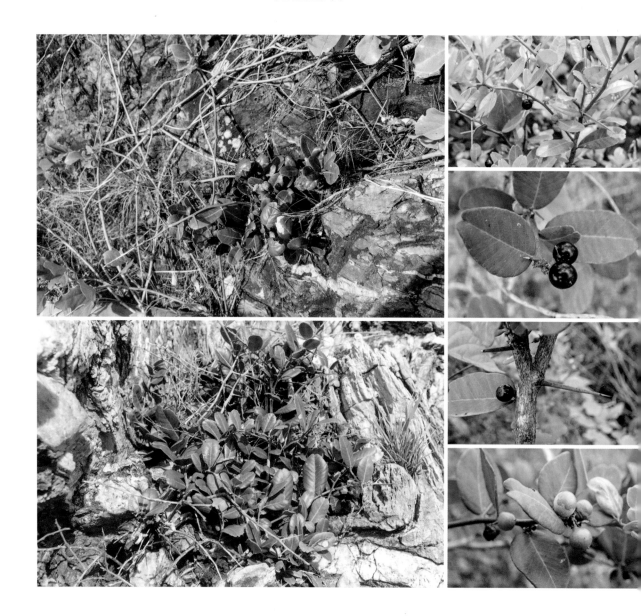

假黄皮
野黄皮、臭皮树
Clausena excavata

芸香科
黄皮属

识别要点　灌木。小叶甚不对称，边缘波浪状，两面被毛或仅叶脉有毛，老叶几无毛。花序顶生；花蕾圆球形；苞片对生，细小；花瓣白或淡黄白色，卵形或倒卵形；雄蕊 8 枚，长短相间，花蕾时贴附于花瓣内侧，盛花时伸出于花瓣外；子房上角四周各有 1 油点，密被灰白色长柔毛。果椭圆形，初时被毛，成熟时由暗黄色转为淡红至朱红色，毛尽脱落。有种子 1～2 颗。

分布　产于台湾、福建、广东、海南、广西、云南等地。

生境　生于山坡灌丛或疏林中。

用途　可入药，用于风寒感冒，腹痛，疟疾，扭伤，毒蛇咬伤。

牛筋果

Harrisonia perforata

芸香科

牛筋果属

识别要点　灌木。枝条上叶柄的基部有一对锐利的钩刺。小叶 5～13，叶轴在小叶间有狭翅；小叶纸质，菱状卵形，先端钝急尖，叶面沿中脉被短柔毛。花数至 10 余朵组成顶生的总状花序，被毛；萼片卵状三角形，被短柔毛，花瓣白色，披针形；雄蕊稍长于花瓣，花丝基部的鳞片被白色柔毛；花盘杯状；子房 4～5 室，4～5 浅裂。果肉质，球形或不规则球形，无毛，成熟时淡紫红色。花期 4～5 月，果期 5～8 月。

分布　产于福建、广东和海南等地。

生境　常见于低海拔的灌木林和疏林中。

用途　根味苦，性凉，有清热解毒作用，对防治疟疾有一定功效。

九里香
十里香、青木香、七里香
Murraya exotica

芸香科
九里香属

识别要点 灌木或小乔木。奇数羽状复叶，先端圆钝或钝尖，有时微凹，基部楔形，全缘；小叶柄甚短。花序伞房状或圆锥状聚伞花序，花白色，芳香；萼片卵形；花瓣5，长椭圆形，花时反折；雄蕊10，较花瓣稍短，花丝白色；花柱及子房均淡绿色，柱头黄色。果橙黄至朱红色，顶部短尖，稍歪斜，果肉含胶液。种子被绵毛。花期4～8月，果期9～12月。

分布 产于台湾、福建、广东、海南、广西等地南部。

生境 常见于离海岸不远的平地、缓坡、小丘的灌木丛中。

用途 多用作围篱材料，或作花圃、盆景材料。

簕檔花椒

簕檔、花椒簕
Zanthoxylum avicennae

芸香科
花椒属

识别要点　落叶乔木。树干有鸡爪状刺。幼苗小叶多为阔卵形，顶部短尖或钝，两侧甚不对称，全缘，或中部以上有疏裂齿；鲜叶的油点肉眼可见，也有油点不显的；叶轴腹面有狭窄、绿色的叶质边缘，常呈狭翼状。花序顶生，花多；花序轴及花梗有时呈紫红色；萼片及花瓣均5片；萼片绿色；花瓣黄白色，雌花的花瓣比雄花的稍长；雄花的雄蕊5枚；分果瓣淡紫红色，油点大且多，微凸起。花期6～8月，果期10～12月。

分布　产于台湾、福建、广东、海南、广西、云南等地。

生境　生于红树林林缘台地和养殖塘塘堤上。

用途　民间用作草药。有祛风去湿、行气化痰、止痛等功效，治多类痛症。

拟蚬壳花椒

拟砚壳花椒

Zanthoxylum laetum

芸香科

花椒属

识别要点　攀援藤本。茎枝有钩刺，叶轴上的刺较多。叶有小叶5～13片；小叶互生，全缘，卵形或卵状椭圆形，稀长圆形，网状叶脉较明显。花序腋生；花梗约与花瓣等长；萼片与花瓣均4片，萼片淡紫绿色；花瓣黄绿色，阔卵形；雄花的花丝线状，淡黄绿色，退化雌蕊圆柱状，4深裂；雌花的退化雄蕊呈短线状。果彼此疏离，红褐色，边缘常呈紫红色。种子近圆球形，褐黑色，有光泽。花期3～5月，果期9～12月。

分布　产于海南、广东、广西、云南等地。

生境　林缘、路边。

用途　可入药，治牙痛等痛症。

楝

苦楝

Melia azedarach

楝科

楝属

识别要点　落叶乔木。树皮灰褐色，纵裂。叶为 2～3 回奇数羽状复叶；小叶对生，先端短渐尖，边缘有钝锯齿。圆锥花序约与叶等长，无毛或幼时被鳞片状短柔毛；花萼 5 深裂；花瓣淡紫色，倒卵状匙形，两面均被微柔毛，通常外面较密；雄蕊管紫色，有纵细脉。核果球形至椭圆形，内果皮木质，4～5 室，每室有种子 1 颗。种子椭圆形。花期 4～5 月，果期 10～12 月。

分布　产于我国黄河以南各地，较常见。

生境　生于低海拔旷野、路旁或疏林中，与半红树植物混生。

用途　木材可用于建造家具、建筑、农具、舟车、乐器等。

车桑子

明油子、坡柳

Dodonaea viscosa

无患子科

车桑子属

识别要点　灌木或小乔木。小枝扁，有狭翅或棱角，覆有胶状黏液。单叶，纸质，形状和大小变异很大，全缘或不明显的浅波状，两面有黏液，无毛，干时光亮；侧脉多而密，甚纤细；叶柄短或近无柄。花序顶生或在小枝上部腋生，比叶短，密花，主轴和分枝均有棱角；花梗纤细；萼片4，披针形或长椭圆形，顶端钝。蒴果倒心形或扁球形，种皮膜质或纸质，有脉纹。花期秋末，果期冬末春初。

分布　产于我国南方地区。

生境　生于红树林林缘高地、养殖塘堤。

用途　种子油供照明和做肥皂。也是一种良好的固沙保土树种。

倒地铃
鬼灯笼、包袱草
Cardiospermum halicacabum

无患子科

倒地铃属

识别要点　草质攀缘藤本。茎、枝绿色，棱上被皱曲柔毛；二回三出复叶。小叶近无柄，薄纸质，顶生的斜披针形或近菱形，先端渐尖，侧生的稍小，卵形或长椭圆形，疏生锯齿或羽状分裂。圆锥花序少花，卷须螺旋状；花瓣乳白色，倒卵形。蒴果梨形、陀螺状倒三角形或有时近长球形，褐色，被柔毛。花果期5～11月。

分布　我国东部、南部和西南部很常见。

生境　生于红树林林缘灌丛、路边。

用途　全草供药用，有清热解毒、消肿止痛之功效。

厚皮树
脱皮麻、万年青
Lannea coromandelica

漆树科
厚皮树属

识别要点　落叶乔木。树皮厚，灰白色；小枝密被锈色星状毛。复叶具7~9小叶，叶轴、叶柄及小叶柄疏被锈色星状毛。雄花序圆锥状，雌花序短总状，被锈色星状毛；花萼无毛，裂片卵形；花瓣卵状长圆形，外卷；雄蕊与花瓣等长；子房4室，1室发育。核果成熟时为紫红色。

分布　原产地为南美洲；我国产于云南、广西、广东和海南等地。

生境　生于红树林林缘，与半红树植物混生。

土坛树

割舌罗、割嘴果
Alangium salviifolium

山茱萸科

八角枫属

识别要点　乔木。稀攀缘状；小枝有显著的圆形皮孔，稀具短刺，无毛或具微柔毛。叶倒卵椭圆形，先端急尖，基部楔形或宽楔形。花白或黄色，香气较浓；萼片宽三角形，两面均被柔毛；花瓣6～10，淡绿色，线形；雄蕊20～30，花丝，被长柔毛，花药隔无毛；花盘肉质。核果椭圆形或近圆形，成熟时黑色，顶端宿存萼齿。花期2～4月，果期4～7月。

分布　产于广东、广西及海南等地。

生境　生于红树林林缘，常与半红树植物混生。

用途　根和叶可治风湿和跌打损伤。可作呕吐剂及解毒剂；种子可榨油；木材坚硬，纹理细密。

铁线子

铁色

Manilkara hexandra

山榄科

铁线子属

识别要点　灌木或乔木。小枝粗短，叶痕明显。叶互生，密聚枝顶，叶革质，倒卵形或倒卵状椭圆形，先端微缺，基部宽楔形或微钝，上面中脉凹下，侧脉细，平行，网脉细密。花数朵簇生于叶腋；花萼6裂；花冠白色，花冠裂片6，背部具2附属物。浆果倒卵状长圆形或椭圆状球形。种子1～2枚。花期8～12月，果期4～5月。

分布　原产南美洲；我国产于广东海南西南部、广西南部等地。

生境　生于红树林林缘，常与半红树植物混生。

用途　种子含油25%，种仁含油47%，油供食用及药用。

扭肚藤

Jasminum elongatum

木樨科

素馨属

识别要点 攀缘灌木。叶对生，单叶，叶片纸质，卵形、狭卵形或卵状披针形，先端短尖或锐尖，基部圆形、截形或微心形，两面被短柔毛，或除下面脉上被毛外，其余近无毛，侧脉 3～5 对。聚伞花序密集，顶生或腋生，通常着生于侧枝顶端，有花多朵；花微香；花冠白色，高脚碟状。果长圆形或卵圆形，成熟时呈黑色。花期 4～12 月，果期 8 月至翌年 3 月。

分布 产于广东、海南、广西、云南等地。

生境 生于红树林林缘灌木丛、混交林，常与半红树植物混生。

用途 叶在民间用来治疗外伤出血、骨折。

牛角瓜

五狗卧花心

Calotropis gigantea

夹竹桃科

牛角瓜属

识别要点　灌木。全株具乳汁。茎黄白色，枝粗壮，幼枝部分被灰白色绒毛。叶倒卵状长圆形或椭圆状长圆形。聚伞花序伞形，腋生和顶生；花序梗和花梗被灰白色绒毛。蓇葖单生；种子广卵形；种毛长 2.5 厘米。花果期几乎全年。

分布　产于云南、四川、广西和广东等地。

生境　生长于红树林林缘旷野、荒地中。

用途　茎皮可供造纸、制绳索及人造棉；茎叶可供药用，治皮肤病、痢疾、风湿、支气管炎。

长春花
Catharanthus roseus

夹竹桃科
长春花属

识别要点　亚灌木。略有分枝，茎近方形，有条纹，灰绿色。叶膜质，倒卵状长圆形，有短尖头，渐狭而成叶柄；叶脉在叶面扁平，在叶背略隆起。聚伞花序腋生或顶生，萼片披针形或钻状渐尖；花冠红色，花冠裂片宽倒卵形；雄蕊着生于花冠筒的上半部，但花药隐藏于花喉之内，与柱头离生。外果皮厚纸质，有条纹，被柔毛。种子黑色，长圆状圆筒形，两端截形，具有颗粒状小瘤。花期、果期几乎全年。

分布　原产于非洲东部，我国栽培于华南、西南、中南及华东等地。

生境　生于红树林内或林缘向阳处。

用途　可药用，有降低血压之效；在国外有用来治白血病、淋巴肿瘤、肺癌、绒毛膜上皮癌、血癌和子宫癌等。

海岛藤
Gymnanthera oblonga

夹竹桃科
海岛藤属

识别要点　藤本。小枝深褐色，具皮孔，稍被短柔毛。叶纸质，长圆形或稀圆形，先端圆，具小尖头，基部圆或宽楔形，两面无毛，侧脉约8对，两面平。聚伞花序腋生，具5～7花，无毛；花冠黄绿色，裂片卵形，先端钝；副花冠裂片卵形，先端具小尖头；子房无毛。蓇葖果深褐色。种子深褐色，长圆形，种毛长2厘米。花期6～9月，果期冬至翌年春季。

分布　产于广东、海南及沿海岛屿等地。

生境　生于海边沙地，攀附于红树植物树干上或石头上。

铁草鞋

三脉球兰

Hoya pottsii

夹竹桃科
球兰属

识别要点 攀缘灌木。叶肉质，干后革质，卵状长圆形，先端骤尖，基部圆或楔形，基脉 3 出，细脉不明显；除花冠内面外，余无毛。聚伞花序伞状腋外生，球形；花萼裂片卵形；花冠白色，中心淡红色，反折，裂片宽卵形，无毛，内面被长柔毛。种子窄长圆形。花期 4～5 月，果期 8～10 月。

分布 产于云南、海南、广西和广东等地。

生境 附生于红树植物树干上。

用途 可药用，具有抗病毒、驱虫、镇痛、抗炎、抗血栓形成、抗肿瘤等功效。

黄花夹竹桃
黄花状元竹、酒杯花
Thevetia peruviana

夹竹桃科
黄花夹竹桃属

识别要点 常绿乔木。高达 5 米，全株无毛，树皮棕褐色。叶互生，近革质，线形或线状披针形；花大，黄色，具香味，顶生聚伞花序。核果扁三角状球形。花期 5 ～ 12 月，果期 8 月至翌年春季。

分布 原产于美洲热带；我国产于台湾、福建、广东、广西和云南等地均有栽培，有时野生。

生境 逸生于红树林林缘旷野、荒地中。

用途 可用于公园、庭园绿化观赏。全株有毒。

倒吊笔

Wrightia pubescens

夹竹桃科
倒吊笔属

识别要点　乔木。含乳汁，树皮黄灰褐色，浅裂。枝圆柱状，小枝被黄色柔毛，老时毛渐脱落，密生皮孔。叶坚纸质，顶端短渐尖，基部急尖至钝，叶面深绿色，被微柔毛，叶背浅绿色，密被柔毛。聚伞花序；萼片阔卵形或卵形，顶端钝；花冠漏斗状，白色、浅黄色或粉红色。种子线状纺锤形，黄褐色，顶端具淡黄色绢质种毛；花期4～8月，果期8月至翌年2月。

分布　产于广东、广西、海南、贵州和云南等地。

生境　散生于低海拔热带雨林。

用途　木材可作家具、铅笔杆、雕刻图章、乐器用材。可供栽培观赏。根和树皮可药用。

丰花草
波利亚草、长叶鸭舌癀
Spermacoce pusilla

茜草科

钮扣草属

识别要点　草本。茎单生，稀分枝。叶近无柄，革质，线状长圆形，先端渐尖，基部渐窄，两面粗糙，干后边缘背卷，侧脉不明显；托叶近无毛，顶部有数条浅红色长刺毛。花多朵簇生成球状生于托叶鞘内；萼裂片4，线状披针形；花冠白色，近漏斗形，无毛，裂片4。蒴果长圆形或近倒卵形，近顶部被毛。

分布　产于浙江、江西、台湾、广东、海南、广西、四川、贵州、云南等地。

生境　生于低海拔的草地和草坡。

用途　可入药，主治跌打损伤、骨折、毒蛇咬伤。

山石榴
箣泡木、刺榴、刺子
Catunaregam spinosa

茜草科

山石榴属

识别要点　灌木或小乔木。多分枝，刺腋生，对生，粗。叶对生或簇生于侧生短枝上，先端钝或短尖，基部楔形；托叶膜质，卵形，先端芒尖，脱落。花单生或 2～3 朵簇生于侧生短枝顶部；萼筒钟形或卵形，被棕褐色长柔毛，萼裂片 5，宽椭圆形，具 3 脉；花冠白或淡黄色，钟状，密被绢毛，冠筒长约 5 毫米，喉部疏被长柔毛，裂片 5，卵形或卵状长圆形。浆果球形。花期 3～6 月，果期 5 月至翌年 1 月。

分布　产于台湾、广东、广西、海南、云南等地。

生境　生于红树林林缘，常与半红树植物混生。

用途　木材可作为农具；根、叶作药用；根利尿、驳骨、祛风湿，治跌打腹痛。

海滨木巴戟

海巴戟、海巴戟天

Morinda citrifolia

茜草科

巴戟天属

识别要点　灌木至小乔木。茎直，枝近四棱柱形。叶片交互对生，两端渐尖或急尖，光泽，无毛，叶脉两面凸起，下面脉腋密被短束毛；托叶生叶柄间，无毛。头状花序每隔一节一个，与叶对生，花多数，无梗；花冠白色，漏斗形。聚花核果浆果状，卵形，种子小、扁，长圆形，全年花果期。

分布　产于台湾、海南及西沙群岛等地。

生境　海滨平地或疏林下。

用途　果实可做酵素；植株美观，可用于滨海绿化。

鸡屎藤

鸡矢藤

Paederia foetida

茜草科

鸡矢藤属

识别要点　藤状灌木。叶对生，膜质，卵形或披针形，顶端短尖或削尖，基部浑圆，有时心状形。圆锥花序腋生或顶生，扩展；小苞片微小，卵形或锥形，有小睫毛；花萼钟形，萼檐裂片钝齿形；花冠紫蓝色，通常被绒毛，裂片短。果阔椭圆形，压扁，光亮，顶部冠以圆锥形的花盘和微小宿存的萼檐裂片；小坚果浅黑色，具1阔翅。花期5～6月。

分布　产于福建、广东等地。

生境　生于红树林林缘，与半红树植物混生。

用途　全草入药，有祛风活血、止痛消肿、抗结核功效。叶片可食，夏季多以其当茶饮，也可用绿叶制成汤圆和其他特色小吃。

墨苜蓿

Richardia scabra

茜草科

墨苜蓿属

识别要点　一年生草本。茎近圆柱形，被硬毛，节上无不定根，疏分枝。叶厚纸质，卵形、椭圆形或披针形，顶端通常短尖，基部渐狭，两面粗糙，边上有缘毛。头状花序有花多朵，顶生；花6或5数；花冠白色，漏斗状或高脚碟状，裂片6，盛开时星状展开，偶有薰衣草的气味；雄蕊6；分果瓣3 (-6)，长圆形至倒卵形。花期春夏间。

分布　原产热带美洲；分布于广东、广西和海南等地。

生境　常见于红树林林缘旷野、荒地中。

用途　其根入药，闻可催吐。

华南忍冬
水银花、金银花
Lonicera confusa

忍冬科
忍冬属

识别要点　藤本植物。幼枝、叶柄、总花梗、苞片、小苞片和萼筒均密被灰黄色卷柔毛。叶纸质，卵形或卵状长圆形。花有香味，苞片披针形，小苞片圆卵形或卵形，花冠白色，后黄色，唇形，筒直或稍弯曲。果熟时黑色，椭圆形或近圆形；花期4～5月，有时9～10月第二次开花；果期10月。

分布　产于广东、海南和广西等地。

生境　田边、沟边、溪旁潮湿地、荒地、路旁及林缘。

用途　藤、花可入药，有清热解毒、疏风通络的功效；亦可用于垂直绿化或作盆栽。

金纽扣

散血草

Acmella paniculata

菊科

金钮扣属

识别要点　一年生草本。茎直立或斜升，多分枝，带紫红色，被柔毛或近无毛。叶具波状钝齿，基部宽楔形或圆，被短毛或近无毛。头状花序单生，或圆锥状排列，卵圆形。瘦果长圆形，有白色软骨质边缘，有疣状腺体及疏微毛，边缘有缘毛，顶端有细芒。花果期 4～11 月。

分布　产于云南、广东、广西、海南及台湾。

生境　田边、沟边、溪旁潮湿地、荒地、路旁及林缘。

用途　全草供药用，有解毒、消炎、消肿、祛风除湿、止痛、止咳定喘等功效。

鬼针草
Bidens pilosa

菊科
鬼针草属

识别要点   一年生草本。茎无毛或上部被极疏柔毛。头状花序，总苞基部被柔毛，外层总苞片 7～8，线状匙形，草质，背面无毛或边缘有疏柔毛；无舌状花，盘花筒状，冠檐 5 齿裂。瘦果熟时黑色，线形，具棱，上部具稀疏瘤突及刚毛，顶端芒刺 3～4，具倒刺毛。花果期几乎全年。

分布   原产于热带美洲；我国产于华东、华中、华南、西南等地。

生境   逸生于红树林林缘旷野、荒地中。

飞机草

香泽兰

Chromolaena odorata

菊科

飞机草属

识别要点 多年生草本。根茎粗壮，横走。茎直立，高1~3米，苍白色，有细条纹；分枝粗壮，常对生。叶对生，卵形、三角形或卵状三角形，花序下部的叶小，常全缘。头状花序多数或少数在茎顶或枝端排成复伞房状或伞房花序，总苞圆柱形，总苞片3~4层，覆瓦状排列，外层苞片卵形，麦秆黄色。花白色或粉红色。瘦果黑褐色，5棱，花果期4~12月。

分布 原产地为热带美洲；国内分布于海南、云南等地。

生境 生于灌丛及稀树草原上，多与半红树植物混生。

用途 全草入药，具有散瘀消肿、止血、杀虫等功效。

夜香牛

Cyanthillium cinereum

菊科

夜香牛属

识别要点　一年生或多年生草本。茎上部分枝，被灰色贴生柔毛，具腺；下部和中部叶具柄，菱状卵形、菱状长圆形或卵形。叶柄上部叶窄长圆状披针形或线形，近无柄。头状花序具 19 ～ 23 花，多数在枝端成伞房状圆锥花序；总苞钟状，总苞片 4 层，绿色或近紫色，背面被柔毛和腺；花淡红紫色。瘦果圆柱形，被密白色柔毛和腺点。花期全年。

分布　原产地为美洲；我国产于海南、广东和台湾等地。

生境　逸生于红树林林缘旷野、荒地中。

用途　可入药，主治跌打扭伤、头痛、关节酸痛等。

鳢 肠
凉粉草、墨汁草、墨旱莲
Eclipta prostrata

菊科

鳢肠属

识别要点 一年生草本。茎基部分枝，被贴生糙毛；叶边缘有细锯齿或波状，两面密被糙毛，无柄或柄极短。头状花序；总苞球状钟形，总苞片绿色，草质，5～6排、成2层，背面及边缘被白色伏毛；外围雌花2层，舌状，舌片先端2浅裂或全缘；中央两性花多数，花冠管状，白色。瘦果暗褐色，雌花瘦果三棱形，两性花瘦果扁四棱形，边缘具白色肋，有小瘤突，无毛。花期6～9月。

分布 产于全国各地。

生境 生于红树林后缘半咸水湿地中或河岸边。

用途 可入药，具有抗炎、抗氧化、短暂兴奋呼吸、加强心脏收缩等功效。

一点红

紫背叶、红背果、红头草
Emilia sonchifolia

———————————

菊科

一点红属

———————————

识别要点　一年生草本。茎直立或斜升，常基部分枝，无毛或疏被短毛。下部叶密集，大头羽状分裂，下面常变紫色，两面被卷毛；中部叶疏生，较小，无柄，基部箭状抱茎，全缘或有细齿；上部叶少数，线形。头状花序，常 2～5 排成疏伞房状；小花粉红或紫色。瘦果圆柱形，肋间被微毛；冠毛多，细软。花果期 7～10 月。

分布　广泛分布于华南各地。

生境　逸生于红树林林缘旷野、荒地中。

用途　全草药用，主治腮腺炎、乳腺炎、小儿疳积、皮肤湿疹等症。

微甘菊

薇甘菊

Mikania micrantha

菊科

假泽兰属

识别要点　多年生草质或木质藤本。茎细长，匍匐或攀缘，多分枝，幼时绿色，近圆柱形，老茎淡褐色，具多条肋纹。茎中部叶三角状卵形至卵形，基部心形；上部的叶渐小，叶柄亦短。头状花序，在枝端常排成复伞房花序状，花序渐纤细，顶部的头状花序花先开放，依次向下逐渐开放，全为结实的两性花，总苞片4枚，狭长椭圆形，顶端渐尖，部分急尖，绿色，花有香气；花冠白色，脊状，檐部钟状，5齿裂，黑色，被毛，具5棱，白色。花、果期8～11月。

分布　原产于美洲；入侵我国广东、广西、云南及海南等地。

生境　攀缘于红树植物树干上，或在红树林林缘旷野、荒地中。

银胶菊

Parthenium hysterophorus

菊科

银胶菊属

识别要点 一年生草本。茎多分枝，被柔毛。叶二回羽状深裂，卵形或椭圆形，卵形，常具齿；上部叶无柄，羽裂，裂片线状长圆形，有时指状 3 裂。头状花序多数，在茎枝顶端排成伞房状；总苞宽钟形或近半球形，总苞片 2 层，外层卵形，背面被柔毛，内层较薄，近圆形，边缘近膜质，上部被柔毛；舌状花 1 层，5 个，白色，先端 2 裂；管状花多数，具乳突；雄蕊 4。花期 4～10 月。

分布 产于海南、广东、广西、贵州及云南等地。

生境 生于红树林林缘旷野、荒地中。

光梗阔苞菊

Pluchea pteropoda

菊科

阔苞菊属

识别要点　草本或矮小亚灌木。茎斜升或平卧，多分枝，有明显条纹，无毛。下部叶无柄，基部长渐狭，边缘有锯齿，两面无毛；中部和上部叶无柄，基部长狭，顶端钝。头状花序多数，在茎枝顶端排列成伞房花序；花序梗较粗；雌花多数。两性花少数，花冠管状。瘦果圆柱形，具4棱，被疏毛。冠毛白色，约与花冠等长。花期5～12月。

分布　产于海南、台湾和南部沿海各省。

生境　生于海滨沙地、石缝或潮水能到达之地。

假臭草

Praxelis clematidea

菊科
假臭草属

识别要点　一年生或多年生草本植物。全株被长柔毛，茎直立。叶片对生，卵圆形至菱形，先端急尖，基部圆楔形，揉搓叶片可闻到类似猫尿的刺激性味道。头状花序，总苞钟形，总苞片可达 5 层，小花，藏蓝色或淡紫色。瘦果黑色，条状。种子顶端具一圈白色冠毛，花期长达 6 个月，在海南等地区几乎全年开花结果。

分布　原产于南美洲；中国广东、福建、澳门、香港、台湾、海南等地广泛分布。

生境　生于红树林林缘旷野、荒地中。

用途　可药用，具有镇静、镇痛、抗菌、抗炎、抗病毒、抗肿瘤等功效。

南美蟛蜞菊

三裂叶蟛蜞菊、三裂蟛蜞菊

Sphagneticola trilobata

菊科

蟛蜞菊属

识别要点　多年生草本。茎横卧地面，茎长可达 2 米以上。叶对生，椭圆形，叶上有 3 裂，因而也叫三裂叶蟛蜞菊。头状花序，多单生，外围雌花 1 层，舌状，顶端 2～3 齿裂，黄色，中央两性花，黄色，结实。瘦果。花期几乎全年。

分布　原产于热带美洲。在我国华南地区广泛逸生。

生境　常见于红树林林缘旷野、荒地中。

用途　可用于观赏或作为护坡、护堤的覆盖植物，但本种有一定的入侵性，引种需慎重。

羽芒菊

长柄菊

Tridax procumbens

菊科

羽芒菊属

识别要点　多年生铺地草本。茎被倒向糙毛或脱毛。上部叶卵状披针形或窄披针形，有粗齿或基部近浅裂，具短柄。头状花序少数，单生茎、枝顶端，花序梗被白色疏毛；总苞钟形，总苞片 2～3 层，外层绿色，卵形或卵状长圆形，背面被密毛，内层长圆形，无毛；雌花 1 层，舌状，舌片长圆形。瘦果陀螺形或倒圆锥形，稀圆柱状，密被疏毛。花期 11 月至翌年 3 月。

分布　原产于美洲大陆；我国产于台湾至东南部沿海各省及其南部一些岛屿。

生境　生于红树林内或林缘向阳处。

用途　具有降糖、降脂、抗病原微生物、抗癌等功效。

孪花菊

孪花蟛蜞菊、双花蟛蜞菊
Wollastonia biflora

菊科

孪花菊属

识别要点 攀缘状草本。叶片卵形至卵状披针形。头状花序少数，生叶腋和枝顶，有时孪生，花序梗细弱，被向上贴生的短粗毛；总苞半球形或近卵状；总苞片 2 层，与花盘等长或比花盘稍长，背面被贴生的糙毛；托片稍折叠，顶端钝或短尖，全缘，被扩展的短糙毛；舌状花 1 层，黄色，顶端 2 齿裂，被疏柔毛。瘦果倒卵形，具 3～4 棱，基部尖，顶端宽，截平，被密短柔毛。花期几全年。

分布 产于台湾、广东、广西、云南、海南等地。

生境 生于草地、林下或灌丛中，海岸干燥砂地上也时常可见。

补血草
中华补血草、匙叶矾松
Limonium sinense

白花丹科

补血草属

识别要点　多年生草本。根皮不裂。茎基粗，呈多头状。叶基生，花期不落；叶柄宽，叶倒卵状长圆形、长圆状披针形或披针形，基部渐窄。花萼漏斗状，萼檐白色，裂片先端钝，花冠黄色；花茎生于叶丛，花序伞房状或圆锥状。花期北方 7～11 月，在南方 4～12 月。

分布　我国滨海各省区均有分布。

生境　沿海潮湿盐土或砂土上。

用途　根或全草民间药用，有收敛、止血、利水的作用。

白花丹

Plumbago zeylanica

白花丹科
白花丹属

识别要点 常绿亚灌木。茎直立，高达3米，多分枝，蔓状。叶卵形，先端渐尖，基部楔形，有时耳状。穗形总状花序，被头状腺体，无毛，花序轴无毛，被头状腺体；花冠白或微带蓝色；雄蕊与花冠近等长，花药蓝色。蒴果长椭圆形，淡黄褐色。种子红褐色，先端尖。

分布 原产于热带和亚热带地区；我国产于四川、贵州、云南、福建、台湾、广东、广西、海南。

生境 生于红树林间半遮阴的地方。

用途 有抗微生物、抗炎、抑菌、抗氧化、抗肿瘤等功效。现代临床用于白血病、肝硬化、风湿关节炎、癌症等。

假马齿苋

Bacopa monnieri

车前科
假马齿苋属

识别要点　匍匐草本。节上生根，多少肉质，无毛，体态极像马齿苋。叶无柄，长圆状倒披针形，先端圆钝，极少有齿。花单生叶腋；花冠蓝、紫或白色，不明显二唇形，上唇2裂；雄蕊4；柱头头状。蒴果长卵圆状，顶端急尖，包在宿存花萼内，4月裂。种子椭圆状，顶端平截，黄棕色，具纵条棱；花期5～10月。

分布　原产地为美洲；我国产于台湾、福建、广东、云南、海南等地。

生境　生于水边、湿地及沙滩。

用途　全草可以入药，具有清热凉血，解毒消肿的功效。

小草海桐

Scaevola hainanensis

草海桐科

草海桐属

识别要点　蔓性小灌木。老枝细长而秃净，小枝短而多，被糙伏毛。叶螺旋状着生，在枝顶较密集，叶腋有一簇长绒毛，肉质，线状匙形，全缘，仅下面1条主脉可见，无毛，无柄或具短柄。花单生叶腋；花冠淡蓝色，后方开裂至基部，其余裂至中部，外面无毛，花冠筒内密生长毛，裂片向一方展开，窄长椭圆形，有膜质宽翅，翅缘下部多少流苏状；子房2室，花柱下部有短毛。花期4～5月。

分布　产于海南、广东、福建和台湾。

生境　生于海边盐田或与红树同生。

草海桐

Scaevola taccada

草海桐科

草海桐属

识别要点 灌木。枝中空，通常无毛，但叶腋里密生一簇白色须毛。叶螺旋状排列，大部分集中于分枝顶端。聚伞花序腋生，腋间有一簇长须毛，花梗与花之间有关节；花萼无毛，筒部倒卵状，裂片条状披针形；花冠白色或淡黄色。核果卵球状。花果期 4～12 月。

分布 产于海南、台湾、福建、广东、广西等地。

生境 生于红树林林缘的高地或沙滩上。

用途 是优良的防风固沙树种和园林绿化树种。亦可入药，具抑菌作用。

大尾摇

Heliotropium indicum

紫草科
天芥菜属

识别要点　一年生草本。茎粗壮，直立，多分枝，被开展的糙伏毛。叶互生或近对生；镰状聚伞花序单一，不分枝，无苞片；萼片披针形，被糙伏毛。花冠浅蓝色或蓝紫色，高脚碟状。核果无毛或近无毛，具肋棱，每裂瓣又分裂为 2 个具单种子的分核。花果期 4～10 月。

分布　产于海南岛及西沙群岛、福建、台湾及云南。

生境　生于红树林中的小高地或沙滩上。

用途　全草入药，有消肿解毒、排脓止疼之效。

银毛树

白水草、白水木

Tournefortia argentea

紫草科

紫丹属

识别要点 小乔木或灌木。幼枝被短柔毛，老枝无毛。叶倒披针形或倒卵形，生小枝顶端，先端钝或圆，上下两面密生丝状黄白色毛。镰状聚伞花序顶生，呈伞房状排列，密生锈色短柔毛；花冠白色，筒状，裂片卵圆形，开展，比花筒长；雄蕊稍伸出，花药卵状长圆形，花丝极短，不明显。核果近球形，无毛。花果期4～6月。

分布 分布于海南岛、西沙群岛及台湾。

生境 生于红树林林缘的小高地或沙滩上。

用途 可药用，有治疗发热、头痛、疟疾、创伤等功效。可供观赏，银毛树株形及叶色美观，可用做海滨公园、绿地的行道树或风景树。

少花龙葵
衣扣草、古钮子、白花菜
Solanum americanum

茄科

茄属

识别要点　纤弱草本。茎无毛或近于无毛。叶薄，卵形至卵状长圆形，先端渐尖，基部楔形下延至叶柄而成翅，叶缘近全缘，波状或有不规则的粗齿，两面均具疏柔毛，有时下面近于无毛；叶柄纤细，具疏柔毛。浆果球状，幼时绿色，成熟后黑色。种子近卵形，两侧压扁。几乎全年均开花结果。

分布　原产地为美洲；产于我国江西、湖南、广西、广东、海南等地。

生境　生于红树林林缘旷野、荒地中。

用途　具有抗肿瘤、降压、降血糖、利尿等功效。

曼陀罗
Datura stramonium

茄科
曼陀罗属

识别要点　草本或亚灌木状。茎基部稍木质化。叶卵形或广卵形，顶端渐尖，基部不对称圆形、截形或楔形，边缘有不规则的短齿或浅裂或者全缘而波状，侧脉每边4～6条。花单生于枝杈间或叶腋，花萼筒状；花冠长漏斗状，向上扩大呈喇叭状，裂片顶端有小尖头，白色、黄色或浅紫色，单瓣、在栽培类型中有2重瓣或3重瓣；雄蕊5。蒴果近球状或扁球状，疏生粗短刺，不规则4瓣裂。种子淡褐色；花果期3～12月。

分布　产于我国台湾、福建、广东、广西、云南、贵州等地。

生境　生于红树林林缘台地旷野、荒地中或养殖塘塘堤上。

用途　可作麻醉剂。全株有毒，而以种子最毒。

海南茄

小丁茄、耳环草、细颠茄

Solanum procumbens

茄科

茄属

识别要点　灌木。多分枝，具黄土色基部宽扁的倒钩刺，端尖，微弯，褐黄色。叶卵形至长圆形，先端钝，在两面均着生 1～4 枚小尖刺。花萼杯状，裂片三角形，花冠淡红色，先端深 4 裂，裂片披针形，外面被星状绒毛；雄蕊 4 枚。浆果球形，光亮，顶端膨大。种子淡黄色，近肾形，扁平。花期春夏间，果期秋、冬。

分布　产于广东、海南等地。

生境　生于红树林林缘旷野、荒地中。

水 茄

刺番茄、野茄子、金衫扣
Solanum torvum

茄科
茄属

识别要点 灌木。小枝疏具基部扁的皮刺，尖端稍弯。叶单生或双生，卵形或椭圆形，先端尖，基部心形或楔形，两侧不等，裂片常 5～7，下面中脉少刺或无刺，侧脉 3～5 对，有刺或无刺；叶柄，具 1～2 刺或无刺。小枝、叶、叶柄、花序梗、花梗、花萼、花冠裂片均被星状毛，或兼有腺毛。浆果球形，黄色。种子盘状。花果期全年。

分布 原产地为美洲；在我国云南、海南、广西、广东、台湾均有分布。

生境 喜生长于热带地区的路旁，荒地，灌木丛中，沟谷及村庄附近等潮湿地方。

用途 有降压、解热、镇痛、抗炎等药理作用。

土丁桂

烟油花、银花草

Evolvulus alsinoides

旋花科

土丁桂属

识别要点 多年生草本。茎细长，被平伏柔毛。叶长圆形、椭圆形或匙形，先端钝具小尖头，基部圆或渐窄，两面疏被平伏柔毛，侧脉不明显；叶柄短或近无柄。花单生或几朵组成聚伞花序，花序梗丝状，被平伏毛；萼片披针形，被长柔毛；花冠幅状，蓝或白色；雄蕊5，内藏，花丝丝状，贴生花冠筒基部。蒴果球形。种子4或较少，黑色，平滑。花期5～9月。

分布 我国长江以南各省均有分布。

生境 生于红树林后缘半咸水湿地边或沙地上。

用途 全草药用，有散瘀止痛，清湿热之功效。

五爪金龙

黑牵牛、牵牛藤、五爪龙

Ipomoea cairica

旋花科

番薯属

识别要点　多年生缠绕草本。茎细长，有细棱，有时有小疣状突起。叶掌状 5 深裂或全裂，中裂片较大，两侧裂片稍小，顶端渐尖或稍钝，基部楔形渐狭，全缘或不规则微波状，基部 1 对裂片通常再 2 裂。聚伞花序腋生，具 1～3 花，或偶有 3 朵以上；花冠紫红色、紫色或淡红色，漏斗状；雄蕊不等长。蒴果近球形，2 室，4 瓣裂。种子黑色，边缘被褐色柔毛。

分布　产于台湾、福建、广东、广西、海南及云南等地。

生境　平地或山地路边灌丛，生长于向阳处。

用途　块根供药用，外敷热毒疮，有清热解毒之效。

小心叶薯

紫心牵牛、小红薯

Ipomoea obscura

旋花科

番薯属

识别要点　缠绕草本。茎纤细，圆柱形，有细棱。叶心状，顶端骤尖或锐尖，具小尖头，基部心形，全缘或微波状；叶柄细长。聚伞花序腋生，通常有 1～3 朵花，花序梗纤细，无毛或散生柔毛；苞片小，钻状；花梗近于无毛，结果时顶端膨大；萼片近等长，椭圆状卵形；花冠漏斗状，白色或淡黄色，具 5 条深色的瓣中带，花冠管基部深紫色；雄蕊及花柱内藏。蒴果圆锥状卵形或近于球形。种子 4，黑褐色，密被灰褐色短茸毛。花期几乎全年。

分布　产于台湾、广东、海南、云南等地。

生境　旷野沙地、海边、疏林或灌丛。

厚　藤
沙藤、马鞍藤
Ipomoea pes-caprae

旋花科

番薯属

识别要点　多年生草本。全株无毛。茎平卧，有时缠绕。叶肉质，干后厚纸质，卵形、椭圆形、圆形、肾形或长圆形，裂片圆，裂缺浅或深，有时具小凸尖。多歧聚伞花序，萼片厚纸质，卵形，顶端圆形，具小凸尖。种子三棱状圆形；花果期 5～10 月。

分布　浙江、福建、台湾、广东、海南、广西，海滨地区常见。

生境　生于岩质海岸石缝中或红树林中的小高地或沙滩上。

用途　可作防风护岸植被，也可用于观赏；全草入药有祛风除湿、拔毒消肿之效。

管花薯
长管牵牛
Ipomoea violacea

旋花科
番薯属

识别要点　多年生藤本。全株无毛，茎缠绕，木质化。单叶互生，卵形或近圆形，基部心形。聚伞花序腋生，有白色花 1～3 朵，花冠高脚碟状，夜间开放，萼片圆形，花后增大，包围蒴果，而后反折。蒴果球形，种子 4 枚，黑色，密被短茸毛。花果期 6～12 月。

分布　产于我国台湾、广东、海南等地。

生境　生于海滩或沿海的台地灌丛中，少见。

小牵牛

假牵牛

Jacquemontia paniculata

旋花科

小牵牛属

识别要点　缠绕草本。茎被柔毛，老枝渐无毛。叶卵形或卵状长圆形，先端渐尖或尖，基部心形，下面疏被柔毛。聚伞花序；苞片钻形；萼片疏被柔毛，3 外萼片卵形或卵状披针形；花冠紫、淡红或白色，漏斗状，无毛；花丝基部宽，被毛。蒴果 4 瓣裂。

分布　我国广东、海南、广西、云南及台湾等地均有分布；热带东非洲，马达加斯加至东南亚亦有。

生境　生于红树林林缘，常与半红树植物混生。

宽叶十万错
赤道樱草、恒河十万错
Asystasia gangetica

爵床科

十万错属

识别要点 多年生草本。叶基部急尖，钝、圆或近心形。总状花序顶生，花序轴4棱，棱上被毛，较明显，花偏向一侧；苞片对生，三角形，疏被短毛；花冠短，略两唇形，外面被疏柔毛；花冠管基部圆柱状，裂片三角状卵形，先端略尖，下唇3裂；雄蕊4，花药紫色；花柱基部被长柔毛。蒴果。花期11月至翌年2月。

分布 产于印度、泰国、中南半岛至马来半岛；我国云南、海南、广东等地有分布。

生境 生于红树林林缘旷野、荒地中。

用途 叶可做野菜；主治跌扑骨折，瘀阻肿痛，无论内服、外敷，皆有一定功效，常用于创伤出血。

小花十万错

紫心牵牛、小红薯

Asystasia gangetica subsp. *micrantha*

爵床科

十万错属

识别要点   多年生草本植物。高约0.5米。茎4棱、向上伸延。叶对生，叶片呈卵形至椭圆形，全缘或具微小圆齿。在长3～4厘米的总状花序上，排列出花蕾绽放至果实形成的不同步骤；基部的花早开及先结果，顶部的花最晚开，花果并存的状态最常见于12月至翌年2月。花冠呈一侧膨胀的管状，白色，5裂，最下瓣中央有一片紫斑。蒴果长圆形。种子2～4颗。

分布   原产于非洲；归化于我国广东、广西、海南和台湾。

生境   生于红树林中或林缘的小高地、旷野或荒地中。

用途   可药用，具有抗生育、抗菌、杀虫、镇静、局麻、降血糖之功效。

假杜鹃

禄劝假杜鹃

Barleria cristata

爵床科
假杜鹃属

识别要点 灌木。茎被柔毛，长枝叶为椭圆形、长椭圆形或卵形，两面被长柔毛，腋生短枝的叶小，花在短枝上密集，小苞片披针形或线形。花冠蓝紫或白色，冠檐裂片长圆形，花丝疏被柔毛。蒴果长圆形，两端急尖无毛。花期 11 ~ 12 月。

分布 原产于印度；我国台湾、海南、广东、广西和云南等地有栽培，有时为野生。

生境 生长于干热地区，路旁、池边、山坡疏林下。

用途 可入药。具有清肺化痰，祛风利湿，解毒消肿的功效；亦是优良的观花植物，可孤植、丛植于公园、庭园等绿地，还可盆栽观赏。

水蓑衣

剑叶水蓑衣、柳叶水蓑衣

Hygrophila ringens

爵床科

水蓑衣属

识别要点　草本。茎四棱形；幼枝被白色长柔毛。叶长椭圆形、披针形或线形，两端渐尖，先端钝，两面被白色长硬毛；近无柄。花簇生于叶腋；苞片披针形，外面被柔毛；小苞片线形，外面被柔毛；花萼圆筒状，被短糙毛，5深裂至中部；花冠淡紫或粉红色，被柔毛。蒴果干时淡褐色，无毛。花期秋季。

分布　产于广东、香港、福建与海南等地。

生境　生于红树林后缘盐度较低的半咸水湿地中。

用途　全草入药，有健胃消食、清热消肿之效。

马缨丹

五色梅

Lantana camara

马鞭草科

马缨丹属

识别要点　灌木。茎枝均呈四方形，有短柔毛，通常有短而倒钩状刺。单叶对生，揉烂后有强烈的气味，急尖或渐尖，基部心形或楔形，边缘有钝齿，表面有粗糙的皱纹和短柔毛，背面有小刚毛。花萼管状，膜质，顶端有极短的齿；花冠黄色或橙黄色，开花后不久转为深红色；子房无毛。果圆球形，成熟时紫黑色。全年开花。

分布　原产于美洲热带地区；现在我国台湾、福建、广东、广西见有逸生。

生境　常与半红树混生于林缘。

用途　根、叶、花作药用，有清热解毒、散结止痛、祛风止痒之功效。

过江藤

过江龙、水黄芹

Phyla nodiflora

马鞭草科

过江藤属

识别要点　多年生草本。有木质宿根，多分枝，全体有紧贴丁字状短毛。叶近无柄，匙形、倒卵形至倒披针形，顶端钝或近圆形，基部狭楔形，中部以上的边缘有锐锯齿。穗状花序腋生，卵形或圆柱形；苞片宽倒卵形；花萼膜质；花冠白色、粉红色至紫红色，内外无毛；雄蕊短小，不伸出花冠外。果淡黄色，内藏于膜质的花萼内。花果期 6～10 月。

分布　产于江苏、江西、湖北、湖南、福建、台湾、广东、四川、海南等地。

生境　生于红树林后缘半咸水湿地中。

用途　全草可入药，有破瘀生新，通利小便之功效。

假马鞭
蛇尾草、蓝草、铁马鞭
Stachytarpheta jamaicensis

马鞭草科

假马鞭属

识别要点　多年生粗壮草本或亚灌木。幼枝近四方形，疏生短毛。叶片厚纸质，椭圆形至卵状椭圆形，顶端短锐尖，基部楔形，边缘有粗锯齿，两面均散生短毛。穗状花序顶生，花冠深蓝紫色，顶端5裂。果内藏于膜质的花萼内，成熟后2瓣裂，每瓣有1种子。花果期几全年。

分布　产于福建、台湾、海南、广东、广西和云南等地。

生境　生于红树林林缘旷野、荒地中。

用途　全草药用，有清热解毒、利水通淋之效。

蜂巢草

Leucas aspera

唇形科

绣球防风属

识别要点　一年生草本。茎被糙硬毛。叶线形或长圆状线形，先端钝，基部楔形，疏生圆齿或近全缘，两面被糙伏毛，下面脉上毛密，侧脉约 3 对；叶柄短，或近无柄，密被糙硬毛。轮伞花序，具多花，密被糙硬毛；花冠白色。小坚果褐色，长圆状三棱形。花、果期全年。

分布　产于广东、广西及海南等地。

生境　生于荒地、空旷潮湿地或沙质草地上。

圣罗勒

Ocimum tenuiflorum

唇形科
罗勒属

识别要点　半灌木。茎直立，多分枝。叶长圆形，先端钝，基部楔形至近圆形，边缘具浅波状锯齿。总状花序纤细，着生于茎及枝顶，通常于茎顶呈三叉状；苞片心形，先端骤然短锐尖，基部浅心形，外面被微柔毛，内面无毛；花萼钟形，外面被柔毛及腺点；花冠白至粉红色，微超出花萼；雄蕊4，略伸出花冠外，分离，插生于冠筒近中部。小坚果卵珠形，褐色，有具腺的穴陷。花期2～6月，果期3～8月。

分布　原产于美洲热带和亚热带地区；产于我国广东、海南、台湾、四川等地。

生境　生于红树林林缘旷野、台地、荒地中。

单叶蔓荆

Vitex rotundifolia

唇形科

牡荆属

识别要点　落叶灌木。匍匐蔓生，有香气，节上生不定根。单叶，叶片卵形或倒卵形。圆锥花序顶生；花冠淡紫色；子房球形，密生腺点。浆果球形，熟时黑褐色。花和果实的形态特征同原变种。花期 7 月，果期 9 月。

分布　在我国沿海地区省份均有分布。

生境　红树林林缘高地或沙滩上。

用途　果实可入药，主治疏散风热，清利头目。

须叶藤

鞭藤

Flagellaria indica

须叶藤科

须叶藤属

识别要点　多年生攀缘藤本。茎圆柱形，下部常粗壮，上部木质或半木质，分枝，具紧包叶鞘。叶披针形，2 列，叶扁平，基部圆，先端渐窄成扁平、盘卷的卷须，表面深绿色，有光泽，平行脉多数，细密，下面脉明显。圆锥花序直立，顶生，有多级分枝。核果球形，幼时绿色，光亮，成熟时带黄红色，种子 1。花期 4～7 月，果期 9～11 月。

分布　产于台湾、广东、海南等省份。

生境　与红树林混生，多分布于高潮带，攀缘于红树植物上。

用途　茎可编织篮、筐，茎及根状茎可供药用，有利尿之效。

青皮刺

曲枝槌果藤

Capparis sepiaria

山柑科

山柑属

识别要点 多枝灌木。有时攀缘，高 0.6～3 米。小枝密被灰黄色柔毛，枝粗壮，"之"形弯曲；刺粗壮，尖利，外弯。花小，白色，芳香，排成无总花梗的亚伞形或短总状花序，常着生在侧枝顶端，很少顶生。种子 1～4 粒。花期 4～6 月，果期 8～12 月。

分布 产于广东、海南、广西。

生境 生于红树林林缘，常与半红树植物混生。

树头菜

台湾鱼木、鱼木
Crateva unilocularis

山柑科

鱼木属

识别要点　乔木。花期时树上有叶。枝灰褐色，常中空，有散生灰色皮孔。小叶薄革质，干后褐绿色，表面略有光泽，背面苍灰色，侧生小叶基部不对称。总状或伞房花序着生于小枝顶部，生花的部位与生叶的部位略有重叠；花瓣白色或黄色。果球形，干后灰色至灰褐色，表面粗糙，有近圆形灰黄色小斑点。花期3～7月，果期7～8月。

分布　产于广东、广西及云南等地。

生境　生于红树林林缘台地和养殖塘塘堤上，常与半红树植物混生。

用途　可治疗肝炎、痢疾、腹泻等疾病；叶可解毒，治烂疮；根对于肝炎、腹泻、痢疾、风湿性关节炎等，都有较好的治疗效果。

天门冬
野鸡食
Asparagus cochinchinensis

天门冬科
天门冬属

识别要点　攀缘植物。根中部或近末端成纺锤状。茎平滑，常弯曲或扭曲，分枝具棱或窄翅；叶状枝常 3 成簇，扁平或中脉龙骨状微呈锐三棱形，稍镰状；茎鳞叶基部延伸为硬刺，分枝刺较短或不明显。花常 2 朵腋生，淡绿色；花梗关节生于中部；雄花花丝不贴生花被片，雌花大小和雄花相似。浆果成熟时红色。具 1 种子。

分布　广泛分布于华东、中南、西南各地。

生境　生于红树林林缘，常与半红树植物混生，攀附在红树植物树干上或附生石上。

用途　块根是常用的中药，有滋阴润燥、清火止咳之效。

海 芋

姑婆芋、狼毒

Alocasia odora

天南星科

海芋属

识别要点　多年生草本。具匍匐根茎，有直立地上茎，基部生不定芽条。叶多数，草绿色，箭状卵形，叶柄绿或污紫色，螺旋状排列，粗厚。花序梗圆柱形，绿色，有时污紫色，檐部黄绿色舟状，长圆形，肉穗花序芳香，雌花序白色，不育雄花序绿白色，能育雄花序淡黄色。浆果红色，卵状。花期四季，密林下常不开花。

分布　产于江西、福建、台湾、湖南、广东、广西、海南、云南等地。

生境　生于海岸次生林旷野、荒地中，相对阴湿地环境。

用途　根茎供药用，有清热解毒、消肿散结的功效；也是优良的观叶植物，可用于园林绿化或盆栽。

水　烛

蜡烛草、香蒲

Typha angustifolia

香蒲科

香蒲属

识别要点　多年生草本。根状茎乳黄色、灰黄色，先端白色。叶上部扁平，中部以下腹面微凹，背面向下逐渐隆起呈凸形，下部横切面呈半圆形，呈海绵状；叶鞘抱茎。雄花序轴具褐色扁柔毛，单出，或分叉；雌花基部具1枚叶状苞片，通常比叶片宽，花后脱落；雌花具小苞片。小坚果长椭圆形，具褐色斑点，纵裂。种子深褐色。花果期6～9月。

分布　原产地东非；广泛分布于我国东北、华北、华南、西南等地。

生境　生于红树林后缘半咸水湿地中。

用途　本种经济价值较高，花粉即蒲黄入药；叶片用于编织、造纸等；雌花序可作枕芯和坐垫的填充物。另外，本种叶片挺拔，花序粗壮，常用于花卉观赏。

文殊兰

文珠兰、罗裙带

Crinum asiaticum var. *sinicum*

石蒜科
文殊兰属

识别要点　多年生粗壮草本。鳞茎长圆柱形。叶深绿色，20～30枚，线状披针形，边缘波状，先端渐尖具尖头。花茎直立，与叶近等长，伞形花序有10～24花；总苞片披针形；小苞片线形；花芳香，花被高脚碟状，花被筒绿白色，直伸，裂片白色，线形，先端渐尖；雄蕊淡红色，先端渐尖。种子1。花期夏季，果期10月。

分布　产于福建、台湾、广东、广西等地。

生境　海滨地区或河旁沙地。

用途　可用于林缘、山石边或墙边成片种植观赏，也可丛植于海滨沙地或庭院一隅点缀。叶与鳞茎可入药，有活血散瘀、消肿止痛之效。

椰 子

Cocos nucifera

棕榈科

椰子属

识别要点　乔木状。茎粗壮，有环状叶痕，基部粗，常有簇生气根。叶羽状全裂，羽片革质，线状披针形；叶柄粗壮。雄花萼片3，鳞片状，花瓣3，卵状长圆形，雄蕊6；雌花基部有数枚小苞片。果卵球形或近球形，顶端微具3棱，外果皮薄，中果皮厚纤维质，内果皮木质，基部有3孔，1孔与胚相对。种子1，萌发时由孔穿出，果腔富含胚乳和汁液。花果期全年。

分布　产于我国广东、海南、台湾及云南等地。

生境　生于红树林林缘，常与半红树植物混生。

用途　椰汁、椰肉可食用，成熟椰肉可榨油；椰壳可制成各种器皿和工艺品，也可制活性炭，椰纤维可制毛刷、地毯、缆绳等；树干可作建筑材料，根可入药；同时也是绿化美化环境的优良树种。

刺　葵

台湾海枣

Phoenix loureiroi

棕榈科

海枣属

识别要点　灌木或乔木状。茎丛生或单生；羽片线形，单生或 2～3 片聚生，4 列。佛焰苞褐色，不裂为 2 舟状瓣；雌花序分枝粗短，之字形曲折；雄花近白色，花瓣圆形，果实长圆形，成熟时紫黑色。花期 4～5 月，果期 6～10 月。

分布　产于台湾、广东、海南、广西、云南等省区。

生境　于红树林林缘旷野、荒地中。

用途　刺葵果可食，叶可作扫帚。也是优良的海岸绿化树种。

香露兜

板兰香、香兰叶、斑斓叶

Pandanus amaryllifolius

露兜树科

露兜树属

识别要点　常绿草本。地上茎分枝，有气根。叶长剑形，长约 30 厘米，宽约 1.5 厘米，叶缘偶贝微刺，叶尖刺稍密，叶背面先端有微刺，叶鞘有窄白膜。花果未见。

分布　原产于印度尼西亚；我国海南、福建等地有栽培。

生境　逸生于红树林林缘。

用途　可作为食用调味料，也可作园林绿化。

露兜树

簕芦、林投、露兜簕
Pandanus tectorius

露兜树科

露兜树属

识别要点 灌木或小乔木。叶簇生于枝顶，三行紧密螺旋状排列，条形，叶缘和背面中脉均有粗壮的锐刺。雄花序由若干穗状花序组成；佛焰苞长披针形，近白色，先端渐尖，边缘和背面隆起的中脉上具细锯齿；雄花芳香；雌花序头状，单生于枝顶，圆球形。聚花果大，向下悬垂，由 40～80 个核果束组成，幼果绿色，成熟时橘红色；核果束倒圆锥形，宿存柱头稍凸起呈乳头状、耳状或马蹄状。花期 1～5 月。

分布 产于福建、台湾、广东、海南、广西、贵州和云南等地。

生境 多生于海边沙地。

用途 叶纤维可编制席、帽等工艺品；嫩芽可食；根与果实入药，有治疗感冒发热、肾炎、水肿等功效；鲜花可提取芳香油。

美冠兰

Eulophia graminea

兰科

美冠兰属

识别要点　地生草本。假鳞茎圆锥形或近球形，多少露出地面。叶 3～5，花后出叶，线形或线状披针形；叶柄套叠成短的假茎；苞片草质，线状披针形。花橄榄绿色，唇瓣白色，具淡紫红色褶片；中萼片倒披针状线形，萼片常略斜歪而稍大；花瓣近窄卵形，唇瓣近倒卵形或长圆形，3 裂，中裂片近圆形；蕊柱足。蒴果下垂，椭圆形。花期 4～5 月，果期 5～6 月。

分布　原产地为加勒比海；我国产于安徽、台湾、广东、香港、海南、广西、贵州和云南等地。

生境　生于红树林林缘台地和养殖塘塘堤上。

用途　美冠兰的假鳞茎可提粉供食用；花色艳丽，可栽培观赏。

钗子股

Luisia morsei

兰科

钗子股属

识别要点　附生草本。茎直立或斜立、圆柱形，叶肉质，圆柱形，先端钝。总状花序具 4～6 花。萼片和花瓣黄绿色，萼片背面具紫褐色晕，中萼片椭圆形，侧萼片斜卵形，稍对折包唇瓣，前唇两侧边缘前伸，背面中肋向先端成宽翅，具尖齿伸出先端；花瓣近卵形，前后唇明显，后唇比前唇宽，稍凹入，前唇紫褐或黄绿色带紫褐色斑点，近肾状三角形，背面先端凹缺具圆锥形乳突，边缘稍具圆缺刻。花期 4～5 月。

分布　产于海南、广西、云南、贵州等地。

生境　附生于红树林茎干上。

用途　全草入药，具有祛风利湿、催吐解毒之功效。

绢毛飘拂草

Fimbristylis sericea

莎草科

飘拂草属

识别要点　草本。秆散生，钝三棱形，被白色绢毛，基部生叶。叶平展，弯卷，两面密被白色绢毛。苞片2～3，叶状，两面被白色绢毛。鳞片卵形，具短硬尖，中部有紫红色纵纹，具白色宽边缘，背面被白色绢毛，1脉。雄蕊3，花药窄长圆形。小坚果椭圆状倒卵形或倒卵形，成熟时紫黑色。花果期8～10月。

分布　产于广东、海南、福建、台湾、浙江等地。

生境　红树林林缘小高地或砂丘上。

茳 芏
咸草
Cyperus malaccensis

莎草科
莎草属

识别要点　多年生草本。匍匐根状茎长，木质。秆锐三棱形，平滑，基部具 1～2 片叶。叶片短或有时极短，平张；叶鞘很长，包裹着秆的下部，棕色。苞片 3 枚，叶状，短于花序；长侧枝聚伞花序复出。小坚果狭长圆形，三棱形，几与鳞片等长，成熟时黑褐色。花果期 6～11 月。

分布　产于海南、广东等地。

生境　混生于红树林中或林缘半咸水湿地中。

羽状穗砖子苗

羽穗砖子苗

Cyperus javanicus

莎草科

莎草属

识别要点　多年生草本。秆散生，粗壮，钝三棱状，具极微小的乳头状突起，下部具叶。叶长于秆，坚挺，基部折合，向上渐成平展，横脉明显，边缘具锐刺；叶稍硬，革质，通常长于秆，基部折合，向上渐成为平张，横脉明显，边缘具锐刺，叶鞘黑棕色。长侧枝聚伞花序复出或近于多次复出；穗状花序圆筒状，具多数小穗；小穗排列稍密，平展或稍下垂，长圆状披针形；小穗轴具宽翅；鳞片稍密地复瓦状排列，革质，宽卵形，顶端急尖，无短尖，凹形。小坚果宽椭圆形或倒卵状椭圆形，三棱状，密被微突起细点。

分布　产于热带地区；我国主要分布于海南岛地区。

生境　沿海地区海边盐土上或盐碱沼泽地。

多枝扁莎
细样席草、多穗扁莎
Cyperus polystachyos

莎草科

莎草属

识别要点　多年生草本。叶短于秆，平展或折合。长侧枝聚伞花序复出，辐射枝多数，小穗多数排成密集短穗状花序；小穗近直立，线形；小穗轴多次曲折，具窄翅；鳞片密覆瓦状排列，卵状长圆形，先端有时具极短的短尖，膜质，3脉，绿色，两侧麦秆黄或红棕色；顶端具短尖，具微突起细点。花果期5～10月。

分布　产于广东、海南等地。

生境　生长于红树林林缘潮湿沙土上。

香附子

香附、香头草、梭梭草

Cyperus rotundus

莎草科

莎草属

识别要点 多年生草本。茎稍细、基部块茎状。叶稍多、平展、棕色。花小穗斜展，线形、小穗轴为白色透明较宽的翅，卵形或长圆状卵形，中间绿色、两侧紫红或红棕色；花柱细长呈三棱状。果鳞片稍密覆瓦状排列。花期5～11月。

分布 产于福建、广东、海南等地。

生境 生于树林林缘高潮带湿地或沙滩上。

用途 可供药用，除能作健胃药外，还可以治疗妇科各症。

荸荠

野荸荠

Eleocharis dulcis

莎草科

荸荠属

识别要点　多年生草本。有长的匍匐根状茎，丛生，直立，圆柱状，灰绿色，干后秆的表面现有节。叶缺如，只在秆的基部有 2 ～ 3 个叶鞘；鞘膜质，紫红色，微红色，深、淡褐色或麦秆黄色，光滑，无毛，鞘口斜，顶端急尖。小穗圆柱状，微绿色，顶端钝，有多数花；在小穗基部有不育鳞片，各抱小穗基部一周，其余鳞片全有花，紧密地复瓦状排列，有稠密的红棕色细点，中脉 1 条，里面比外面明显。小坚果宽倒卵形，扁双凸状，黄色，平滑，表面细胞呈四至六角形，顶端不缢缩。花果期 5 ～ 10 月。

分布　产于福建、海南和广东。

生境　生于红树林后缘半咸水湿地中。

锈鳞飘拂草

Fimbristylis sieboldii

莎草科
飘拂草属

识别要点　多年生草本。秆丛生，细而坚挺；扁三棱形，平滑，灰绿色，基部稍膨大，具少数叶。长侧枝聚伞花序简单，稀近复出，辐射枝少数；下部的叶仅具叶鞘，无叶片，鞘灰褐色，上部的叶常对折，线形。小坚果倒卵形或宽倒卵形，扁双凸状，近平滑，成熟时棕或黑棕色，柄很短。

分布　产于福建、台湾、广东、海南岛等地。
生境　生长在海边或盐沼地里。

粗根茎莎草

Cyperus stoloniferus

莎草科
莎草属

识别要点　多年生草本。根状茎长而粗，木质化具块茎。秆钝三棱形，平滑，基部叶鞘通常分裂成纤维状。叶常短于秆。叶状苞片2～3枚，通常下面2枚长于花序。辐射枝很短，每个辐射枝具3～8个小穗，稍肿胀，鳞片紧密复瓦状排列，纸质，宽卵形，顶端急尖或近于钝的，土黄色，有时带有红褐色斑块或进斑纹。雄蕊3，线形。小坚果椭圆形或倒卵形，近于三棱形，长为鳞片的2/3，黑褐色。花果期7月。

分布　产于海南、广东和福建等地。

生境　生长于田边、沟旁潮湿处或河边湿润的沙土上。

水 葱

南水葱

Schoenoplectus tabernaemontan

莎草科

水葱属

识别要点　多年生草本。根茎匍匐，具多数须根。秆圆柱状，基部具膜质叶鞘。叶片线形。苞片短于花序；聚伞花序简单或复出；轴射枝长，一面凸，一面凹，边缘有锯齿；小穗卵形；鳞片椭圆形或宽卵形，棕色或紫褐色，背有锈色小点。小坚果倒卵形或椭圆形，双凸状。花果期6～9月。

分布　原产中南美洲；我国浙江、福建、台湾、广东、广西、海南、云南等地均有分布。

生境　生于红树林后缘半咸水湿地中。

用途　观赏。

地毯草

大叶油草

Axonopus compressus

禾本科
地毯草属

识别要点　多年生草本。秆压扁，节密生灰白色柔毛。叶鞘松弛，基部者互相跨复，压扁，呈脊，边缘质较薄，近鞘口处常疏生毛；叶片扁平，质地柔薄，两面无毛或上面被柔毛，近基部边缘疏生纤毛。总状花序，最长 2 枚成对而生，呈指状排列在主轴上；小穗长圆状披针形，疏生柔毛，单生；花柱基分离，柱头羽状，白色。

分布　原产热带美洲；我国海南、广东、广西、福建、台湾及云南等地有分布。

生境　生于荒野、路旁或林下较潮湿处。

用途　全草入药，有消肿解毒、排脓止疼之效。

蒺藜草

Cenchrus echinatus

禾本科
蒺藜草属

识别要点　一年生草本。叶鞘松弛，叶舌短小，叶片线形，质地柔软，上面粗糙，无毛或疏被长柔毛。总状花序直立，刺苞球形，背部被细毛，边缘被白色纤毛，顶端具倒向糙毛，基部具一圈小刺毛，裂片直立或反曲，但彼此不相连接；内稃狭长，长与外秆近等；第二小花的外稃质地较厚，具 5 脉。花果期夏季。

分布　原产地为墨西哥；产于海南、台湾、云南等地。

生境　多生于临海的砂质土草地。

用途　可药用。具有镇静、麻醉、抗炎、镇痛、抗过敏等功效。

台湾虎尾草

Chloris formosana

禾本科
虎尾草属

识别要点　一年生草本。秆直立或基部伏卧地面而于节处生根并分枝；光滑无毛。叶鞘两侧压扁，背部具脊，无毛；叶片线形，两面无毛或在近鞘口处偶有疏柔毛。第一小花两性，与小穗近等长，倒卵状披针形，外稃纸质，侧脉靠近边缘，被稠密白色柔毛，上部之毛甚长而向下渐变短；内稃倒长卵形，透明膜质，先端钝，第二小花有内稃，第三小花仅存外稃，偏倒梨形，明显可见。颖果纺锤形，花果期 8～10 月。

分布　产于福建、海南、台湾及广东沿海诸岛。

生境　生于红树林林缘台地和养殖塘塘堤上。

龙爪茅

Dactyloctenium aegyptium

禾本科
龙爪茅属

识别要点　一年生草本。秆直立，或基部横卧地面，于节处生根且分枝。叶鞘松弛，边缘被柔毛；叶舌膜质，顶端具纤毛；叶片扁平，顶端尖或渐尖，两面被疣基毛。穗状花序 2～7 个指状排列于秆顶；小穗含 3 小花；第一颖沿脊龙骨状凸起上具短硬纤毛，第二颖顶端具短芒；外稃中脉成脊，脊上被短硬毛；有近等长的内稃，其顶端 2 裂，背部具 2 脊，背缘有翼，翼缘具细纤毛；鳞被 2，楔形，折叠，具 5 脉。囊果球状。花果期 5～10 月。

分布　产于华东、华南和中南等地。

生境　生于红树林林缘旷野、荒地中。

用途　可做药用，主治脾气不足、劳倦伤脾、气短乏力等。

白 茅

茅、茅针、茅根

Imperata cylindrica

禾本科

白茅属

识别要点 多年生草本。具粗壮的长根状茎。秆直立，具1～3节。叶鞘聚集于秆基，质地较厚，老后破碎呈纤维状；叶舌膜质，紧贴背部或鞘口具柔毛；分蘖叶片扁平，质地较薄。圆锥花序密，基盘丝状柔毛；两颖草质，边缘膜质，有5～9脉，顶端渐尖或稍钝，常有纤毛，脉间长丝状毛；雄蕊2枚；花柱细长，基部连合，柱头2，紫黑色，羽状，自小穗顶端伸出。颖果椭圆形。花果期4～6月。

分布 产于辽宁、河北等北方地区。

生境 生于海岸草地、沙质草甸、红树林林缘荒地中。

用途 可做药用，有抗炎、抑菌、抗肿瘤等功效。

红毛草

Melinis repens

禾本科
糖蜜草属

识别要点　多年生草本。根茎粗壮，秆直立，常分枝，有毛。叶鞘松弛，叶舌由柔毛组成，叶片线形。圆锥花序开展，分枝纤细；花柱分离，柱头羽毛状；颖果长圆形；花果期为 6～11 月。

分布　原产地为墨西哥；我国产于广东、台湾等地。

生境　生于红树林林缘台地和养殖塘塘堤上。

用途　可做药用，可清肺热、凉血解毒。

铺地黍

硬骨草

Panicum repens

禾本科

黍属

识别要点 多年生草本。根茎粗壮发达。叶鞘光滑，边缘被纤毛；叶片质硬，线形，干时常内卷，呈锥形，顶端渐尖，上表皮粗糙或被毛，下表皮光滑；叶舌极短，膜质，顶端具长纤毛。圆锥花序开展；小穗长圆形，无毛，顶端尖；第一颖薄膜质，基部包卷小穗，顶端截平或圆钝，脉常不明显；第二颖约与小穗近等长，顶端喙尖，具7脉；第一小花雄性，其外稃与第二颖等长；第二小花结实，长圆形，平滑、光亮，顶端尖。花果期6～11月。

分布 原产于南美洲亚马孙河流域；产于我国东南各地。

生境 生于海边、河边及潮湿之处。

用途 具有止咳、祛痰、抗菌作用。

双穗雀稗
Paspalum distichum

禾本科
雀稗属

识别要点　多年生草本。匍匐茎横走，节生柔毛。叶鞘短于节间，背部具脊，边缘或上部被柔毛；叶片披针形，无毛。总状花序2枚对连；小穗倒卵状长圆形，顶端尖，疏生微柔毛；第一颖退化或微小；第二颖贴生柔毛，具明显的中脉。第一外稃具3～5脉，通常无毛，顶端尖；第二外稃草质，等长于小穗，黄绿色，顶端尖，被毛。花果期5～9月。

分布　产于江苏、台湾、湖北、湖南、云南、广西、海南等地。

生境　生于红树林后缘半咸水湿地中。

海雀稗

Paspalum vaginatum

禾本科
雀稗属

识别要点 多年生草本。具根状茎与长匍匐茎,节上抽出直立的枝秆。叶鞘具脊,大多长于其节间,并在基部形成跨覆状,鞘口具长柔毛;线形,顶端渐尖,内卷。总状花序。花果期6～9月。

分布 产于台湾、海南及云南等地。

生境 生于海岸次生林旷野、荒地,或与红树林混生于高潮带泥滩中。

芦 苇

Phragmites australis

禾本科

芦苇属

识别要点　多年生草本。秆直立，基部和上部的节间较短，节下被蜡粉。叶鞘下部者短于上部者，长于其节间；叶片披针状线形，无毛，顶端长渐尖成丝形。圆锥花序大型，分枝多数，着生稠密下垂的小穗；小穗含 4 花；雄蕊 3，花药黄色；花期 7 月，果期 8～11 月。

分布　原产地为热带美洲；全国各地均有分布。

生境　生于潟湖、河口滩涂中，与红树林混生。

用途　秆为造纸原料，以及作编席、织帘及建棚材料；茎、叶嫩时为饲料。

斑 茅

Saccharum arundinaceum

禾本科
甘蔗属

识别要点 多年生高大丛生草本。秆粗壮，具多数节，无毛。叶鞘长于其节间，基部或上部边缘和鞘口具柔毛；叶舌膜质，顶端截平；叶片宽大，线状披针形，顶端长渐尖，基部渐变窄，中脉粗壮，上面基部生柔毛，边缘锯齿状粗糙。圆锥花序大型，稠密，主轴无毛，腋间被微毛；总状花序轴节间与小穗柄细线形。颖果长圆形，胚长为颖果之半。花果期8～12月。

分布 产于海南、台湾、广东、广西等南方地区。

生境 生于山坡和河岸溪涧草地。

用途 可做药用，补血止血、抗菌消炎、保肝、抗癌、抗病毒等。

互花米草

Spartina alterniflora

禾本科

米草属

识别要点　多年生草本。地下部分通常由短而细的须根和长而粗的地下茎组成，根系发达。植株茎秆坚韧、直立；茎节具叶鞘，叶腋有腋芽。叶互生，呈长披针形，具盐腺，根吸收的盐分大都由盐腺排出体外，因而叶表面往往有白色粉状的盐霜出现。圆锥花序具 10～20 个穗形总状花序，小穗侧扁；两性花；雄蕊 3 个，花药成熟时纵向开裂，花粉黄色。花期 8～10 月。

分布　原产于美国；国内分布于上海、浙江、福建、广东、广西和海南等沿海地区。

生境　生态位与红树林相近，多混生于红树林前缘、后缘或林中空地。繁殖能力极强，其入侵态势已对滨海生态造成严重影响。

鬣　刺

老鼠芳

Spinifex littoreus

禾本科
鬣刺属

识别要点　多年生草本。须根长而坚韧；秆粗壮、坚实，表面被白蜡质，平卧地面部分长达数米。叶鞘宽阔，常互相覆盖；叶舌微小；叶片线形，质坚而厚，下部对折，常呈弓状弯曲，边缘粗糙。雄穗轴生数枚雄小穗，先端延伸于顶生小穗之上而成针状；颖草质，广披针形，先端急尖，具7～9脉；花药线形；雌穗轴针状，粗糙，基部单生1雌小穗；颖草质，具11～13脉。花果期夏秋季。

分布　产于台湾、福建、广东、广西等地。

生境　生于红树林林缘沙滩。

用途　可药用，具有抗炎、镇痛作用。

盐地鼠尾粟

Sporobolus virginicus

禾本科

鼠尾粟属

识别要点　多年生草本。须根较粗壮，具木质、被鳞片的根茎（干时黄色）。秆细，质较硬，直立或基部倾斜，光滑无毛，上部多分枝，基部节上生根。叶鞘紧裹茎，光滑无毛，仅鞘口处疏生短毛；叶舌甚短，纤毛状；叶片质较硬，新叶和下部者扁平，上面粗糙。圆锥花序紧缩穗状，狭窄成线形，分枝直立且贴生，下部即分出小枝与小穗；小穗灰绿色或变草黄色，披针形，排列较密，小穗柄稍粗糙，贴生；颖质薄，光滑无毛，先端尖，具1脉；雄蕊3，花药黄色。花果期6～9月。

分布　产于广东、福建、浙江、台湾等地。

生境　生于沿海的海滩盐地上、田野沙土中、河岸或石缝间。

用途　用作海边或沙滩的防沙固土植物。

沟叶结缕草

Zoysia matrella

禾本科
结缕草属

识别要点　多年生草本。根茎横走，须根细弱；叶鞘长于节间，鞘口具长柔毛。叶质硬，内卷，上部具沟，先端尖锐。总状花序细柱状；小穗卵状披针形，黄褐或略带紫褐色；第一颖退化，第二颖革质，沿中脉两侧扁；外稃膜质。颖果长卵圆形，成熟后棕褐色。5～10月开花结果。

分布　产于台湾、广东、海南等地。

生境　海岸沙地上。

用途　优良的草地绿化物种，广泛应用于园林绿化。其根茎发达，植株矮小亦可作固堤、固沙植物。

参考文献

[1] 陈灵芝 . 中国植物区系与植被地理 [M]. 北京：科学出版社，2014.

[2] 达良俊，杨永川，陈鸣 . 生态型绿化法在上海"近自然"群落建设中的应用 [J]. 中国园林，2004（3）：38-40.

[3] 代正福，彭明，戴好富 . 海南中药资源图集 [M]. 昆明：云南科技出版社，2012.

[4] 戴好富，郑希龙，邢福武 . 黎族药志（第三册）[M]. 北京：中国科学技术出版社，2014.

[5] 方赞山，孟千万，宋希强 . 海南岛海漂植物资源及园林应用综合评价 [J]. 中国园林，2016，32（6）：83-88.

[6] 黄培祐 . 海南岛滨海砂岸植被 [J]. 生态科学，1983（2）：1-6.

[7] 李蜜，易湘茜，杨彩妮，等 . 海南西海岸红树林伴生植物内生放线菌多样性及其延缓衰老活性初筛 [J]. 广西植物，2020，40（3）：293-300.

[8] 林鹏 . 中国红树林生态系 [M]. 北京：科学出版社，1997.

[9] 罗涛，杨小波，黄云峰，等 . 中国海岸沙生植被研究进展 [J]. 亚热带植物科学，2008，37（1）：70-75.

[10] 梅文莉，戴好富 . 黎族药志（第一册）[M]. 北京：中国科学技术出版社，2008.

[11] 梅文莉，戴好富 . 黎族药志（第二册）[M]. 北京：中国科学技术出版社，2010.

[12] 王文卿，石建斌，陈鹭真，等 . 中国红树林湿地保护与恢复战略研究 [M]. 北京：中国环境出版社，2021.

[13] 王文卿，王瑁 . 中国红树林 [M]. 北京：科学出版社，2007.

[14] 王文卿，张雅棉，黄建明 . 南方滨海耐盐植物资源（二）[M]. 厦门：厦门大学出版社，2021.

[15] 王文卿，陈洋芳，李芊芊，等 . 南方滨海沙生植物资源及沙地植被修复 [M]. 厦门：厦门大学出版社，2016.

[16] 王文卿，陈琼 . 南方滨海耐盐植物资源（一）[M]. 厦门：厦门大学出版社，2013.

[17] 吴征镒 . 中国植被 [M]. 北京：科学出版社，1980.

[18] 吴征镒 . 中国种子植物属的分布区类型 [J]. 云南植物研究，1991（增刊Ⅳ）：1-139.

[19] 吴征镒 .《世界种子植物科的分布区类型系统》的修订 [J]. 云南植物研究，2003，25（5）：535-538.

[20] 吴征镒，孙航，周浙昆，等 . 中国种子植物区系地理 [M]. 科学出版社，2011.

[21] 邢福武 . 海南植物物种多样性编目 [M]. 华中科技大学出版社，2012.

[22] 邢福武，陈红锋，秦新生，等 . 中国热带雨林地区植物图鉴：海南植物（1～3卷）[M]. 武汉：华中科技大学出版社，2014.

[23] 杨小波 . 海南植物名录 [M]. 北京：科学出版社，2013.

[24] 杨小波 . 海南植物图志 [M]. 北京：科学出版社，2015.

[25] 杨小波 . 海南植被志 [M]. 北京：科学出版社，2019.

[26] 中国科学院华南植物研究所 . 海南植物志（1～4）卷 [M]. 北京：科学出版社，1983.

[27] 中国科学院中国植物志编辑委员会 . 中国植物志（1～7卷）[M]. 北京：科学出版社，1978.

[28] 钟才荣，杨众养，陈毅青，等 . 海南红树林修复手册 [M]. 北京：中国林业科学出版社，2021.

[29] 朱太平，刘亮，朱明 . 中国资源植物 [M]. 北京：科学出版社，2007.

[30] 叶思源，谢柳娟，何磊 . 湿地：地球之肾 生命之舟 [M]. 北京：科学出版社，2023.

[31] 王瀚祥，李广存，徐建飞，等 . 植物耐盐机理研究进展 [J]. 作物杂志，2022（5）：1-12.

[32] 王荷生 . 植物区系地理 [M]. 北京：科学出版社，1992.

[33] 邢福武 . 海南省七洲列岛的植物与植被 [M]. 北京：科学出版社，2016.

中文名索引

学名索引